LÓGICA E LINGUAGEM COTIDIANA

VERDADE, COERÊNCIA,
COMUNICAÇÃO, ARGUMENTAÇÃO

COLEÇÃO TENDÊNCIAS EM EDUCAÇÃO MATEMÁTICA

LÓGICA E LINGUAGEM COTIDIANA

VERDADE, COERÊNCIA, COMUNICAÇÃO, ARGUMENTAÇÃO

Nílson José Machado
Marisa Ortegoza da Cunha

4ª edição

autêntica

COORDENADOR DA COLEÇÃO TENDÊNCIAS EM EDUCAÇÃO MATEMÁTICA
Marcelo de Carvalho Borba
gpimem@rc.unesp.br

CONSELHO EDITORIAL
Airton Carrião/Coltec-UFMG; Arthur Powell/Rutgers University; Marcelo Borba/UNESP; Ubiratan D'Ambrosio/UNIBAN/USP/UNESP; Maria da Conceição Fonseca/UFMG.

EDITORAS RESPONSÁVEIS
Rejane Dias
Cecília Martins

REVISÃO
Rodrigo Pires Paula

CAPA
Diogo Droschi

DIAGRAMAÇÃO
Camila Sthefane Guimarães

Dados Internacionais de Catalogação na Publicação (CIP)
(Câmara Brasileira do Livro, SP, Brasil)

Machado, Nílson José

Lógica e linguagem cotidiana : verdade, coerência,comunicação, argumentação / Nílson José Machado, Marisa Ortegoza da Cunha. -- 4. ed. -- Belo Horizonte: Autêntica Editora, 2019. -- (Coleção Tendências em Educação Matemática ; 12)

ISBN 978-85-513-0655-0

1. Lógica 2. Lógica - Problemas, questões, exercícios 3. Matemática I. Cunha, Marisa Ortegoza da. II. Título. III. Série.

19-30390 CDD-511.076

Índices para catálogo sistemático:

1. Lógica matemática : Problemas e exercícios 511.076

Iolanda Rodrigues Biode - Bibliotecária - CRB-8/10014

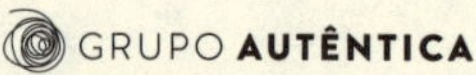

Belo Horizonte
Rua Carlos Turner, 420
Silveira . 31140-520
Belo Horizonte . MG
Tel.: (55 31) 3465 4500

São Paulo
Av. Paulista, 2.073 . Conjunto Nacional
Horsa I . 23° andar . Conj. 2310-2312
Cerqueira César . 01311-940 . São Paulo . SP
Tel.: (55 11) 3034 4468

www.grupoautentica.com.br

Para Maria,
que sempre associou de modo natural
(por mais de 91 anos) uma lógica implacável e uma
sensibilidade infinita, com profunda gratidão
pelas perenes lições de vida.
Marisa/Nílson

Nota do coordenador

A produção em Educação Matemática cresceu consideravelmente nas últimas duas décadas. Foram teses, dissertações, artigos e livros publicados. Esta coleção surgiu em 2001 com a proposta de apresentar, em cada livro, uma síntese de partes desse imenso trabalho feito por pesquisadores e professores. Ao apresentar uma tendência, pensa-se em um conjunto de reflexões sobre um dado problema. Tendência não é moda, e sim resposta a um dado problema. Esta coleção está em constante desenvolvimento, da mesma forma que a sociedade em geral, e a, escola em particular, também está. São dezenas de títulos voltados para o estudante de graduação, especialização, mestrado e doutorado acadêmico e profissional, que podem ser encontrados em diversas bibliotecas.

A coleção Tendências em Educação Matemática é voltada para futuros professores e para profissionais da área que buscam, de diversas formas, refletir sobre essa modalidade denominada Educação Matemática, a qual está embasada no princípio de que todos podem produzir Matemática nas suas diferentes expressões. A coleção busca também apresentar tópicos em Matemática que tiveram desenvolvimentos substanciais nas últimas décadas e que podem se transformar em novas tendências curriculares dos ensinos fundamental, médio e superior. Esta coleção é escrita por pesquisadores em Educação Matemática e em outras áreas da Matemática, com larga experiência docente, que pretendem estreitar as interações entre a Universidade – que produz pesquisa – e os diversos cenários em que se realiza essa educação. Em alguns livros, professores da educação básica se tornaram também autores. Cada livro indica uma extensa bibliografia na qual o leitor poderá buscar um aprofundamento em certas tendências em Educação Matemática.

Neste livro, os autores buscam ligar as experiências vividas em nosso cotidiano a noções fundamentais tanto para a lógica como para a matemática. Por meio de uma linguagem acessível, o livro possui uma forte básica filosófica que embasa a apresentação sobre lógica. Contém um índice remissivo que permitirá que o leitor ache facilmente explicações sobre vocábulos como contradição, dilema, falácia, proposição e sofisma. A bibliografia comentada permitirá que o leitor procure outras obras para aprofundar os temas de seu interesse. Embora esse texto seja recomendado a estudantes de cursos de graduação e de especialização em todas as áreas, ele também se destina a um público mais amplo. Esse livro certamente ajudará a coleção a ir além dos muros do que hoje é denominado Educação Matemática.

*Marcelo de Carvalho Borba**

* Marcelo de Carvalho Borba é licenciado em Matemática pela UFRJ, mestre em Educação Matemática pela Unesp (Rio Claro, SP) doutor, nessa mesma área pela Cornell University (Estados Unidos) e livre-docente pela Unesp. Atualmente, é professor do Programa de Pós-Graduação em Educação Matemática da Unesp (PPGEM), coordenador do Grupo de Pesquisa em Informática, Outras Mídias e Educação Matemática (GPIMEM) e desenvolve pesquisas em Educação Matemática, metodologia de pesquisa qualitativa e tecnologias de informação e comunicação. Já ministrou palestras em 15 países, tendo publicado diversos artigos e participado da comissão editorial de vários periódicos no Brasil e no exterior. É editor associado do ZDM (Berlim, Alemanha) e pesquisador 1A do CNPq, além de coordenador da Área de Ensino da CAPES (2018-2022).

Sumário

Capítulo I

A lógica, a língua e a matemática

Introdução: ação, comunicação, argumentação

O ser humano "ergue e destrói coisas belas", como bem registra a canção popular. Os animais também o fazem, como nos lembram as abelhas com seus favos ou os cupins com sua gula. A questão fundamental da busca do que distinguiria os seres humanos dos animais foi examinada por muitos filósofos, entre os quais se situa Hannah Arendt. Em seu fundamental trabalho intitulado *A condição humana* (Arendt, 1991), tal autora busca caracterizar precisamente isto: o modo peculiar de ser do ser humano. Ao longo da evolução da vida, em sentido humano, ela examina as ideias de labor, de trabalho e de ação. O labor consistiria na atividade que visa à manutenção da vida em sentido biológico: alimentamo-nos, protegemo-nos das intempéries, cuidamos da manutenção do corpo físico, e nisso não nos distinguimos de qualquer dos animais. Já o trabalho, além das dimensões anteriormente referidas, está associado à produção material, à fabricação de artefatos que vão além de nosso corpo, e assim também o fazem muitos animais, como as abelhas, as formigas, as aranhas, os castores, entre outros. Mas é apenas na ação que seria possível distinguir com nitidez os homens dos animais. A ação não é o mero fazer, mas o fazer juntamente com a palavra, com a consciência, com a significação, com a compreensão, com a razão, com a narrativa, que ajuda a memória e possibilita a história. A vida em sentido humano transcenderia em muito a mera perspectiva biológica: seria uma *vita activa*, ou uma vida com a palavra, com a razão, com a argumentação.

Um pequeno excerto do dicionário revela a riqueza de significados da palavra *ação*:

> [...] atividade responsável de um sujeito, realização de uma vontade que se presume livre e consciente, manifestação de um agente, processo que decorre da natureza ou da vontade de um ser, o agente, e de que resulta a criação ou modificação da realidade [...] (Aurélio).

Os animais não agem; os computadores não agem; a história não age; o mercado não age. Somente os seres humanos agem, tomam iniciativas, criam; os animais reagem, respondem a estímulos, procriam.

No seio da língua, em seu uso corrente, a positividade da palavra *ação*, como manifestação de uma "vontade que se presume livre e consciente", é plenamente reconhecida, na mesma medida em que a palavra *coação* é associada a um sentido predominantemente negativo: faço coisas junto com os outros, coopero, colaboro, mas ajo pessoalmente; a ação é minha e toda coação parece indesejada, tangenciando a violência.

Ação e violência são como água e óleo: não se misturam. A ação é o fazer juntamente com a palavra, é o resultado da confiança na força da palavra, da consciência que a palavra propicia, é a expectativa de uma ação comum que não seja coação, mas que resulte da conversação e traduza uma comunicação. A violência é a negação da palavra, é o resultado da desconfiança na força da palavra, é a decretação da impossibilidade do diálogo, da incapacidade na argumentação.

Como seres humanos, vivemos, então, da associação entre o fazer e a palavra, em busca de uma atividade racional, consciente, isto é, da ação. O fazer sem a palavra nos reduz a meros animais, ao mesmo tempo em que a redução do fazer à palavra também não é própria do ser humano, sendo uma característica associada à divindade. É por isso que é tão importante o conhecimento e o domínio da língua materna, tanto em busca da capacidade de comunicação, de expressão do que se sente, quanto no sentido do desenvolvimento da capacidade de argumentação, de convencimento dos outros, de persuasão.

Na Grécia Antiga, a formação do homem grego incluía três disciplinas básicas: a Lógica, a Gramática e a Retórica. O estudo da Gramática (*gramma* quer dizer *letra*, em grego) era uma condição necessária para o domínio da língua, tanto na forma oral como na escrita. A Lógica (ou Dialética) dizia respeito ao exercício da capacidade de argumentação, no discernimento entre os bons e os maus argumentos. Na Retórica, o ponto fundamental era o convencimento dos outros, a persuasão. O currículo mínimo para a vida na cidade, para a formação política (*pólis* quer dizer *cidade*, em grego), era constituído por essas três disciplinas, sendo chamado *Trivium*. Era destinado a todos os cidadãos, e nesse fato reside a origem moderna da palavra "trivial".

Expressar-se adequadamente, argumentar de modo correto, cuidar da forma da argumentação para parecer convincente e persuadir os outros à ação, que eram as metas do *Trivium*, permanecem sendo objetivos fundamentais na formação do cidadão, ainda hoje, em qualquer lugar do mundo. E se a violência, em suas múltiplas formas de manifestação, pode ser associada à descrença na palavra, o remédio mais eficaz contra a violência é a recuperação da confiança na palavra, na capacidade de expressão, na força da argumentação como convite à ação.

Ao pensar no ser humano como animal racional, a racionalidade é entendida como essa confiança na força da palavra, no poder de convencimento dos argumentos corretos, na capacidade de mobilização das pessoas para agir em nome de uma causa considerada defensável diante dos outros a partir de pressupostos aceitáveis por todos os envolvidos.

Nos últimos 30 anos, um filósofo tem dedicado especialmente suas atenções ao exercício da racionalidade como marca da condição humana, enfatizando mais do que ninguém a positividade da palavra *ação*. Trata-se de Jürgen Habermas, com sua *Teoria da ação comunicativa*. Segundo ele, as ações humanas têm sido orientadas marcadamente pela busca do êxito, e não do entendimento. A razão e a argumentação têm sido essencialmente instrumentais, visando à eficácia a todo custo, e subestimando a necessidade da argumentação, do convencimento, da busca de consensos. A própria ideia de razão, segundo Habermas, precisa ser reconfigurada, passando-se de racionalidade técnica para uma racionalidade comunicativa. Sua obra mais recente dedica-se à construção dos instrumentos para a fundação de uma ética do discurso, na arquitetura de um debate em que todos os participantes tenham vez e voz, sem preconceitos ou discriminações, em que toda a autoridade seja delegada à palavra, à ação comunicativa, em que toda a força seja depositada nos argumentos, em que, portanto, todos desfrutem de uma situação ideal de fala. Alguns de seus críticos mais mordazes dizem que tal disposição ou tal situação nunca existiu, ao longo da história, e, que acreditar nela não seria muito diferente de se assumir uma perspectiva religiosa ou de se entregar a um ato de fé. Sua resposta tácita é: se não acreditarmos na força da argumentação, de que alternativa dispomos? Descrer da palavra é abrir as portas para a violência.

A busca da competência na argumentação, da compreensão das razões próprias e dos outros nas tomadas de posição diante dos acontecimentos, nas escolhas de pressupostos e nas tomadas de decisão é o objetivo fundamental de um curso de Lógica. A Lógica teve origem como disciplina com Aristóteles, entre 300 e 400 anos antes de Cristo. Naturalmente, os homens não eram irracionais antes disso, tendo sido transformados em seres racionais pelos estudos aristotélicos: eles sempre pensaram, raciocinaram, escolheram, decidiram. Com Aristóteles, no entanto, tem início a caracterização das formas legítimas de argumentação, em contraposição a outras que poderiam parecer corretas, mas que eram inadequadas – as falácias.

Na Lógica aristotélica, no entanto, há uma separação total entre a forma e o conteúdo de uma argumentação: não são considerados os conteúdos das sentenças componentes de um argumento, mas apenas a forma de articulá-las ou o modo como umas são deduzidas das outras. Se me garantem, por exemplo, que *Todo homem é forte* e que *Darci é um homem*, logo, posso concluir que *Darci é forte*, e tal conclusão depende apenas da forma da argumentação. É como se me dissessem que *Todo a é b* e que *x é a* – disso podemos concluir que *x é* b, independentemente do significado de a, b e x.

Aristóteles trata apenas das formas adequadas de argumentação, e justamente por isso, seus estudos constituem o tema que é conhecido como Lógica Formal. Ele buscou explicitar leis ou regras que garantam uma argumentação competente. Evidentemente, no entanto, conversar, argumentar, tentar convencer os outros é uma característica natural do ser humano e não se pode pretender que apenas os conhecedores das regras aristotélicas possam fazê-lo, assim como também é absurdo pretender que apenas os conhecedores das leis ou regras básicas para uma boa respiração tenham o direito de respirar.

Na língua corrente, na linguagem ordinária, normalmente não separamos o conteúdo das sentenças, ou o significado das mesmas, da forma lógica da argumentação. De modo geral, é assim que funcionamos no dia a dia, misturando forma com conteúdo. Para um estudo introdutório de Lógica, no entanto, vamos nos ocupar, inicialmente, da distinção entre as formas legítimas de argumentação das que não são aceitáveis, independentemente do fato de conhecermos ou não a verdade das sentenças envolvidas. Ao final de nosso percurso, dedicaremos um pouco de atenção às argumentações mais naturais, mais completas, mais complexas, em que a forma e o conteúdo se misturam, como ocorre, por exemplo, em piadas.

Frases e argumentos

Quantas vezes já utilizamos a expressão "é lógico!", falando sobre futebol, sobre a marca de nosso refrigerante preferido, sobre política, sobre economia, sobre nossos projetos pessoais ou sobre o futuro da humanidade. Nas mais variadas situações, pretendemos pensar e agir logicamente. E muito frequentemente, no meio de uma conversa qualquer, garantimos: é lógico! O que isto significa, em geral?

Quase sempre, tal expressão é utilizada quando nos referimos a algo que nos parece evidentemente certo ou que nos parece fácil de ser defendido. Neste sentido, dizemos:

"É lógico que Pedro será aprovado nos exames."

"É lógico que o preço de um avião é maior do que o de uma bicicleta."

"É lógico que a Terra não é plana."

"É lógico que o time X é o melhor do atual campeonato."

"É lógico que o candidato Y vencerá as eleições."

"É lógico que, quando o preço do combustível aumenta, o preço das passagens de ônibus também aumenta."

Depois de uma frase desse tipo, é comum aparecer uma série de razões que procuram fundamentar a CONCLUSÃO, enunciada na afirmação inicial. Esse encadeamento de razões que devem conduzir à conclusão é um ARGUMENTO. As razões alegadas são as PREMISSAS do argumento.

Por exemplo:

"É lógico que Pedro será aprovado nos exames, pois ele é inteligente e estuda muito e todos os alunos inteligentes e estudiosos são aprovados."

Temos, no caso, o ARGUMENTO:

CONCLUSÃO:	Pedro será aprovado.
RAZÕES (PREMISSAS):	Pedro é inteligente. Pedro estuda muito. Todos os alunos inteligentes e estudiosos são aprovados.

Um ARGUMENTO é constituído, portanto, de uma ou mais PREMISSAS e de uma CONCLUSÃO.

Na linguagem corrente, a conclusão de um argumento pode ser enunciada inicialmente, como no exemplo acima, seguindo-se o encadeamento das premissas, mas também pode ser enunciada após as premissas, como no exemplo a seguir:

"Como a gasolina é extraída do petróleo, que é importado, e todos os produtos importados são caros, a gasolina é cara."

Temos o ARGUMENTO:

PREMISSAS:	A gasolina é extraída do petróleo. O petróleo é importado. Todos os produtos importados são caros.
CONCLUSÃO:	A gasolina é cara.

Pode ocorrer, eventualmente, que a conclusão seja enunciada entre as premissas, como no exemplo:

"Fábio é médico. Logo, Fábio estudou em uma Faculdade pois todos os médicos estudaram em Faculdades."
Temos o ARGUMENTO:

PREMISSAS:	Fábio é médico. Todos os médicos estudaram em Faculdades. Fábio estudou em uma Faculdade.
CONCLUSÃO:	

Uma primeira providência, ao iniciarmos um estudo de Lógica, é aprender a distinguir um mero agrupamento de frases de um argumento de fato, ou seja, a distinguir argumentos de não argumentos. Com este objetivo, vamos analisar as frases compostas relacionadas a seguir:

1. Começou a chover. Há pouco, o sol estava brilhando. A meteorologia não previu chuva alguma.
2. Amanhã deverá fazer sol porque o serviço de meteorologia previu muita chuva e ele sempre erra em suas previsões.
3. Joaquim é português. Ele é dono da maior padaria do bairro, que fabrica 10.000 pães por dia.
4. Joaquim não é português pois ele nasceu no Brasil e quem nasce no Brasil é brasileiro.
5. Xoxa gosta das criancinhas e os pais das criancinhas gostam da Xoxa.
6. Xoxa gosta das crianças pois ela vende bonequinhas para elas por um preço baixinho.
7. Penso muito na vida.
8. Penso, logo, existo.

As frases compostas correspondentes aos números pares constituem argumentos, enquanto as de número ímpar são apenas uma coleção de frases simples. Não parece difícil distinguir, nos argumentos, a conclusão das premissas. Você pode certificar-se disso, comparando suas respostas com as que são apresentadas a seguir.

2. Conclusão: Amanhã deverá fazer sol. 4. Conclusão: Joaquim não é português. 6. Conclusão: Xoxa gosta das criancinhas. 8. Conclusão: Existo.

Vamos praticar mais um pouco, indicando, nos argumentos a seguir, qual a conclusão e quais as premissas:

1. É lógico que o time A é o melhor do atual campeonato uma vez que tal time tem o melhor ataque, a defesa menos vazada e o maior número de pontos ganhos.
2. O ônibus da escola deverá chegar atrasado amanhã porque a meteorologia prevê muitas chuvas para amanhã cedo e sempre que chove muito, o ônibus chega atrasado.
3. O café não é um produto importado; portanto, não deveria ser caro, uma vez que todos os produtos importados é que são caros.
4. Como a gasolina é extraída do petróleo, que é importado, e todos os produtos importados são caros, a gasolina só pode ser cara.
5. Três séculos de pesquisas mostraram-nos com segurança que todos os megalozoários são carcomênicos. Deste fato, podemos concluir que os infimozoários não são carcomênicos, uma vez que os infimozoários não são megalozoários.
6. Nenhum afaneu é zaragó e todo chumpitaz é afaneu; logo, nenhum chumpitaz é zaragó.
7. Como nenhum réptil voa e as serpentes são répteis, as serpentes não voam.
8. Um automóvel deve custar mais que uma bicicleta, uma vez que gasta-se muito mais com material e mão de obra em sua construção.
9. Wagner gosta de música porque ele é filho de músicos e todos os filhos de músicos gostam de música.
10. Como todos os urubus são mamíferos e todos os mamíferos são aves, concluímos que todos os urubus são aves.
11. Sabe-se que todas as coisas verdes têm clorofila. Como alguns automóveis são verdes, podemos concluir que alguns automóveis têm clorofila.
12. Alguns políticos são artistas; logo, alguns artistas são políticos.
13. Todos os alemães são europeus; logo, existem europeus que são alemães.

14. Como todos os ALFATRÓPICOS são BETATRÓPICOS e todos os BETATRÓPICOS são GAMATRÓPICOS, segue-se que todos os ALFATRÓPICOS são GAMATRÓPICOS.
15. Podemos garantir que todo A é B pois todo A é X e todo X é B.

(Todas as respostas encontram-se no Anexo B)

Verdade e coerência

Muitas frases que utilizamos, no dia a dia, podem ser classificadas em VERDADEIRAS ou FALSAS. Por exemplo, são VERDADEIRAS as frases:

"Paris é a capital da França."

"Dois mais dois é igual a quatro."

"Um dia tem 24 horas."

Enquanto que são FALSAS as frases:

"Buenos Aires é a capital do Brasil."

"Dois mais dois é igual a cinco."

"Uma semana tem 10 dias."

Existem, no entanto, frases que não podem ser classificadas assim, como, por exemplo:

"Que horas são?"

"Não faça isto!"

Uma frase que pode ser classificada como VERDADEIRA ou FALSA, não podendo ser as duas coisas simultaneamente, é chamada de PROPOSIÇÃO. Nem todas as frases que enunciamos são proposições. Uma proposição é uma sentença declarativa da qual se pode dizer sem dúvida: é VERDADEIRA, ou então, é FALSA. Uma frase como "Está chovendo agora" não pode ser classificada como verdadeira ou falsa sem a fixação de um contexto; já a sentença "Está chovendo agora na minha horta" pode sê-lo. De modo geral, apenas frases declarativas podem ser associadas a um valor verdade (verdadeiro ou falso). Sentenças exclamativas ou interrogativas ficam de fora, não sendo consideradas proposições. Na Lógica e, por conseguinte, na Matemática, somente lidamos com proposições. Deixamos intencionalmente de fora interjeições ou expressões emocionais, mas, e as perguntas? Não nos deteremos aqui neste tema. Para sugerir o desvio escolhido para fazer perguntas em Lógica, ou na Matemática, registramos apenas que recorremos a afirmações envolvendo elementos desconhecidos (incógnitas) ou variáveis, dependendo do contexto. Assim, em vez de escrever "Qual o número que somado com 7 dá 12?", escrevemos: $x + 7 = 12$, e dizemos: encontre o valor de x.

Quando decidimos defender uma CONCLUSÃO em uma ARGUMENTAÇÃO é porque tal conclusão é uma PROPOSIÇÃO e pretendemos que ela seja VERDADEIRA. Para esta defesa, encadeamos as PREMISSAS de modo que elas fundamentem a CONCLUSÃO, ou seja, construímos um ARGUMENTO.

Em um argumento bem construído, as premissas devem evidenciar razões suficientes para que aceitemos a conclusão; em um argumento mal construído, mesmo que a conclusão seja, eventualmente, verdadeira, as premissas não são razões suficientes para garanti-la.

Quando entre as premissas e a conclusão existe uma ligação tal que é impossível termos, simultaneamente, as premissas verdadeiras e a conclusão falsa, o argumento é bem construído e dizemos que ele é VÁLIDO, ou seja, é COERENTE. Quando, no entanto, é possível termos todas as premissas verdadeiras e, simultaneamente, a conclusão falsa, o argumento não é bem construído e dizemos que ele NÃO É VÁLIDO ou NÃO É COERENTE. Pode-se dizer ainda que é uma FALÁCIA ou é um SOFISMA.

Observemos alguns exemplos:

I. ARGUMENTO COERENTE

PREMISSAS:	Todos os paulistas são brasileiros. André é paulista.
CONCLUSÃO:	André é brasileiro.

Notamos que, sendo as duas premissas verdadeiras simultaneamente, segue-se, inevitavelmente, a verdade da conclusão. Em outras palavras: é impossível termos as premissas verdadeiras e a conclusão falsa.

II. ARGUMENTO NÃO COERENTE (Sofisma ou Falácia)

PREMISSAS:	Todos os paulistas são brasileiros. André não é paulista.
CONCLUSÃO:	André não é brasileiro.

Naturalmente, neste caso, as premissas não são suficientes para garantirem a conclusão. É perfeitamente possível termos as duas premissas verdadeiras e a conclusão falsa (isso ocorreria, por exemplo, se André fosse mineiro). O argumento, portanto, não é válido, não é coerente. Notemos que, mesmo no caso de André ser francês, situação em que a conclusão seria verdadeira, ainda assim o argumento não seria válido, uma vez que a verdade da conclusão não seria consequência da verdade das premissas.

Vamos resumir o que amealhamos até aqui:

- Nem toda frase, nem toda sentença da linguagem corrente é uma proposição: de uma proposição, exige-se que exista a possibilidade efetiva de classificação em verdadeira ou falsa, não podendo haver uma terceira alternativa, nem a possibilidade de ser simultaneamente verdadeira e falsa;
- Um argumento é uma construção cujos elementos são proposições. Em um argumento sempre existe uma conclusão, que é sustentada por uma ou mais premissas. Argumentar significa garantir a verdade da conclusão tendo por base a verdade das premissas.
- Um argumento não pode ser classificado em verdadeiro ou falso; verdadeiras ou falsas são as premissas e a conclusão. Um argumento é válido ou não válido, coerente ou não coerente, dependendo da relação, do vínculo que se estabelece entre as premissas e a conclusão. Um argumento é válido, ou seja, é coerente do ponto de vista lógico quando, supondo-se as premissas simultaneamente verdadeiras, disso decorre a verdade da conclusão. Em um argumento coerente, é impossível termos simultaneamente as premissas todas verdadeiras e a conclusão falsa; se existir tal possibilidade, o argumento não é válido, ou seja, não é coerente.

- A classificação de uma premissa como verdadeira ou falsa pode ser uma questão complexa ou delicada, dependendo de conhecimentos específicos sobre o tema tratado; a Lógica como disciplina não tem a ver com isso. É a natureza da articulação entre as premissas e a conclusão que garante a coerência de um argumento. A garantia da verdade das premissas não é uma questão de natureza lógica, podendo depender de conhecimentos científicos ou mesmo de um ato de confiança nas palavras do enunciador. Discutiremos um pouco tal questão na segunda parte deste trabalho, ao tratarmos da lógica informal.

Argumentação e verdade

Ao construir um argumento, pretendemos justificar a verdade da conclusão a partir da verdade das premissas. Duas condições, portanto, são necessárias para que possamos garantir a verdade de uma conclusão: a verdade das premissas e o recurso a uma argumentação coerente.

Se pelo menos uma das premissas é falsa, mesmo argumentando de modo coerente, não podemos garantir a verdade da conclusão. E mesmo partindo de premissas verdadeiras, se recorrermos a uma argumentação não coerente, a verdade da conclusão não pode ser garantida.

Em geral, estas duas condições são independentes. Ao argumentar, portanto, é possível:

- Partir de PREMISSAS FALSAS;
  usar um SOFISMA;
  e chegar a uma CONCLUSÃO FALSA.
  Exemplo:
  Existem cubanos que são europeus.
  Existem mexicanos que são cubanos.
  Logo, existem mexicanos que são europeus.
- Partir de PREMISSAS FALSAS;
  usar um SOFISMA;
  e chegar a uma CONCLUSÃO VERDADEIRA.

Exemplo:
Existem cubanos que falam espanhol.
Existem mexicanos que são cubanos.
Logo, existem mexicanos que falam espanhol.

- Partir de PREMISSAS FALSAS;
usar um ARGUMENTO COERENTE;
e chegar a uma CONCLUSÃO FALSA.
Exemplo:
Todo cubano é europeu.
Todo mexicano é cubano.
Logo, todo mexicano é europeu.

- Partir de PREMISSAS FALSAS;
usar um ARGUMENTO VÁLIDO;
e chegar a uma CONCLUSÃO VERDADEIRA.
Exemplo:
Todos os cubanos falam inglês.
Existem americanos que são cubanos.
Logo, existem americanos que falam inglês.

- Partir de PREMISSAS VERDADEIRAS;
usar um SOFISMA;
e chegar a uma CONCLUSÃO FALSA.
Exemplo:
Alguns automóveis são verdes.
Algumas coisas verdes são comestíveis.
Logo, alguns automóveis são comestíveis.

- Partir de PREMISSAS VERDADEIRAS;
usar um SOFISMA;
e chegar a uma CONCLUSÃO VERDADEIRA.
Exemplo:
Alguns brasileiros são ricos.
Alguns ricos são desonestos.
Logo, alguns brasileiros são desonestos.

- Partir de PREMISSAS VERDADEIRAS;
usar um ARGUMENTO VÁLIDO;
e chegar a uma CONCLUSÃO VERDADEIRA.
Exemplo:
Todo pernambucano é brasileiro.

Todo recifense é pernambucano.
Logo, todo recifense é brasileiro.

Notemos que, partindo de premissas verdadeiras, um argumento válido NUNCA conduz a uma conclusão falsa; é isso que garante a confiabilidade nos resultados da ciência.

Insistamos no ponto fundamental: para termos a garantia de que uma conclusão é verdadeira, temos que observar dois aspectos:

- As PREMISSAS devem ser VERDADEIRAS.
- O ARGUMENTO deve ser COERENTE.

Somente estando atento a estas duas exigências independentes é possível argumentar de modo convincente. O esquema seguinte sintetiza o que acabamos de concluir:

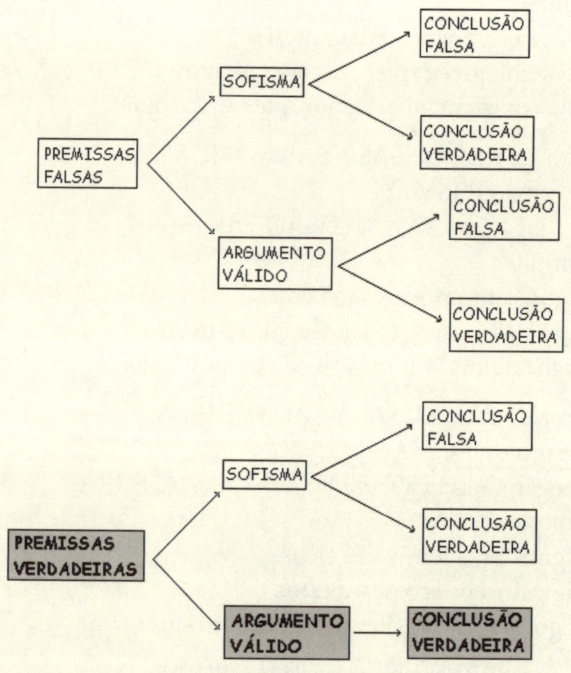

Fontes da Lógica: a língua em primeiro lugar

É muito comum a associação entre o raciocínio lógico e o pensamento matemático. Os programas de matemática escolar procuram destacar tal relação e, modernamente, a expressão lógica matemática passou a ser utilizada com frequência e naturalidade crescentes. Entretanto, como estamos percebendo, nesses passos iniciais, em suas raízes mais profundas, a lógica alimenta-se muito mais primariamente e essencialmente da língua do que da técnica ou da linguagem matemática.

No Capítulo II, veremos como as origens aristotélicas da lógica encontram-se nas estruturas da língua grega. Mas não é preciso ir tão longe para reconhecer que o primeiro momento de organização do pensamento ocorre quando recorremos à língua, mesmo em sua forma oral. A influência da matemática na tematização das regras ou das leis do pensamento lógico é, sem dúvida, relevante, mas é muito posterior. É secundária na constituição dos esquemas de raciocínio, pela simples e acaciana razão de que chegam até nós em segundo lugar.

A argumentação coerente pode ser aprendida e desenvolvida estudando-se matemática, tanto quanto estudando-se qualquer outra disciplina, como história, biologia ou geografia. E se se pode reivindicar a prioridade de uma delas na formação escolar, sem dúvida, a língua materna, a primeira língua que aprendemos, merece tal reconhecimento.

Um conto policial, um livro de filosofia e um texto de jornal podem ser tão indicados para exercícios de raciocínio quanto a demonstração de um teorema matemático. O ponto fundamental é menos o tema em si e mais o modo como ele é tratado. De um modo geral, é a exploração das linhas de raciocínio abertas pelo uso competente da língua que propicia o tratamento de um tema na perspectiva do desenvolvimento do raciocínio lógico. Uma piada pode constituir um interessante exercício de lógica, como veremos mais adiante.

O que pode explicar esta associação tão forte entre a lógica e a matemática, em detrimento da língua, é o fato de que um estudo inicial da lógica costuma ser realizado admitindo-se a possibilidade de uma separação nítida entre a forma e o conteúdo de uma argumentação, e partindo-se do estudo das formas lógicas, sem conteúdo: Todo a é b e todo b é c acarreta que todo a é c, qualquer que seja o significado dos termos representados por a, b e c. Esta separação faz com que a lógica (formal) se pareça mais com a matemática do que com a língua. Na língua, em seu uso corrente, é muito mais difícil tal separação. Mas isto é só uma estratégia, e é só um começo. E a vida, a linguagem nossa de cada dia se encarregará de mostrar que as estruturas lógicas são muito mais próximas das estruturas da língua do que pode imaginar nossa vã perspectiva de esquizofrenia conteúdo/forma.

A forma e o conteúdo: vamos por partes

Quando crianças, gostamos de ouvir histórias, cheias de heróis e bandidos, de mocinhos e vilões, de nítidos representantes do bem e do mal. Ainda que na vida tal nitidez frequentemente inexista, as fábulas, os contos de fadas são muito importantes em nossa formação no terreno dos valores. Tomamos contato com tais histórias não para aprender a optar definitivamente, em cada situação, entre o bem e o mal, mas para orientarmo-nos criticamente, em cada situação concreta, tomando consciência das ações possíveis em cada caso. Algo semelhante ocorre com a separação conteúdo/forma, nos livros de lógica ou na linguagem corrente.

De fato, ainda que não possamos realizar com nitidez tal separação na língua nossa de cada dia, ao iniciarmo-nos no tema, procederemos a uma tal distinção com a mesma intenção com que lemos e apreciamos os contos de fadas. Logo, logo, mais adiante, tal condição será suficientemente matizada, e para compreendermos orientamo-nos não só por fatos concretos mas também por fictos, ou por ficções inspiradoras que nos ajudam a enfrentar a realidade da linguagem e argumentar no dia a dia.

No próximo capítulo, teremos, então, uma introdução à lógica formal.

Antes de enfrentá-lo, no entanto, vamos resumir e fixar alguns pontos, que constituirão uma espécie de "preparação espiritual" para o capítulo seguinte. As respostas encontram-se no Anexo B.

Quais das frases seguintes são PROPOSIÇÕES?

1. Parabéns pra você!
2. O céu está claro neste lugar onde estamos.

3. Não desista!
4. A Lua é feita de queijo.
5. Será que a Lua é feita de queijo?
6. Direita, volver!
7. Está escuro.

Classifique cada proposição a seguir em VERDADEIRA ou FALSA:

1. A Lua é um satélite da Terra.
2. Tóquio é a capital da Bolívia.
3. O Sol é um satélite da Terra.
4. As plantas verdes têm clorofila.
5. Os insetos têm 6 patas.
6. As aranhas têm 8 patas.
7. Os cavalos têm 7 patas.
8. Plutão e Urano são planetas mais distantes do Sol do que Marte.
9. Cuba é um país da América do Sul.
10. Em Portugal, fala-se espanhol.
11. Na França, fala-se francês.
12. Em Pequim, fala-se pequinês.

Vamos construir, no Capítulo II, critérios e formas de distinção entre argumentos coerentes (válidos) e não coerentes (não válidos). Entretanto, intuitivamente, em casos simples, baseados apenas na caracterização que foi realizada, conseguimos identificar e distinguir o joio e o trigo na argumentação. Tente efetuar tal distinção nos exemplos a seguir:

1. Todos os alemães são europeus.
   Nietzsche era alemão.
   Logo, Nietzsche era europeu.

2. Todos os alemães são europeus.
   O príncipe Charles não é alemão.
   Logo, o príncipe Charles não é europeu.

3. Todos os escritores são alfabetizados.
   Logo, todos os alfabetizados são escritores.

4. Alguns brasileiros são pobres.
   Alguns pobres são mendigos.
   Logo, todos os brasileiros são mendigos.

5. Algumas casas têm relógios e alguns relógios têm campainha.
   Logo, todas as casas têm campainha.

6. Todos os apinagés são índios e não existem índios carecas.
   Logo, nenhum apinagé é careca.

7. Todo mineiro é brasileiro e todo tricordiano é mineiro.
   Logo, todo tricordiano é brasileiro.

Nos argumentos que se seguem, a CONCLUSÃO é FALSA. Procure identificar se esta falsidade decorre de PREMISSAS FALSAS, se o ARGUMENTO é um SOFISMA ou se ambos os fatores influem:

1. Todos os mamíferos são aves.
   Todas as aves têm penas.
   Logo, todos os mamíferos têm penas

2. Alguns espanhóis são interessantes.
   Alguns livros são interessantes.
   Logo, alguns espanhóis são livros.

3. Todos os professores são alfabetizados.
   Logo, todos os alfabetizados são professores.

4. Todos os produtos importados são baratos.
   O petróleo é importado.
   Logo, o petróleo é barato.

Capítulo II

A forma sem conteúdo: noções de lógica formal

Os primórdios: Aristóteles

A Lógica Formal trata das formas dos argumentos válidos, ou seja, dos modos legítimos de chegar a conclusões a partir de um conjunto de premissas. Historicamente, foi Aristóteles, no século IV a.C., quem iniciou um estudo sistemático das formas de argumentação. Seu ponto de partida natural foi a estrutura da língua grega, e sua pressuposição básica foi o fato de que na antessala de uma argumentação coerente encontra-se um uso adequado das palavras e das frases, evitando-se as ambiguidades e as incertezas. Como veremos, Aristóteles pretendeu excluir do terreno da lógica sentenças que não fossem proposições e proposições que não fossem categóricas. Examinou com percuciência, como se pusesse uma lupa nas formas de argumentação, os argumentos formados por duas proposições admitidas inicialmente - as premissas - e uma outra proposição, que delas deveria decorrer - a conclusão. Partindo de tais formas básicas, examinou todas as maneiras possíveis de interconectar causas e consequências. Segundo suas palavras, um argumento não passa de "uma série de palavras em que, sendo admitidas certas coisas, delas resultará necessariamente alguma outra, pela simples razão de se terem admitido as primeiras". Seus trabalhos foram posteriormente reunidos em um livro chamado *Organon*. Durante muitos séculos, estudar Lógica significou estudar os temas expostos em tal livro. Mas voltemos à nossa trilha de iniciação à Lógica, hoje.

Já vimos que é infrutífero defender a verdade de uma conclusão partindo de premissas verdadeiras mas argumentando de modo não válido, assim como o é recorrer a um argumento válido mas partir de premissas falsas. Recordemos ainda que a validade de um argumento é determinada pela sua FORMA, pelo tipo de vínculo existente entre as premissas e a conclusão, e não diretamente pela verdade ou falsidade das premissas. Também já foi registrado que a validade de um argumento repousa na *suposição da verdade das premissas; o que deve ser garantido é o fato de tal suposição acarretar inevitavelmente a verdade da conclusão.*

A verificação direta do conteúdo das premissas pode não ser uma tarefa simples, e, certamente, não é uma atribuição da Lógica: pode ser uma questão experimental, a decorrência de uma autoridade ou mesmo um ato de fé. No livro *Summa Teológica*, Tomás de Aquino demonstra logicamente, entre outras proposições, a existência de Deus; para sua argumentação, naturalmente legítima, não se pode pôr em dúvida, no entanto, qualquer uma de suas premissas.

Por outro lado, um argumento com a forma:

Todo a é b.

Todo b é c.

Logo, todo a é c.

é VÁLIDO, ou seja, é COERENTE, independentemente do que representam os símbolos a, b e c, sendo ou não verdadeiras as proposições envolvidas; mesmo que, por exemplo, a represente "peixe", b represente "ave", e c represente "mamífero"...

Por exemplo, se um especialista eminente afirma

"Três séculos de pesquisa nos mostraram com segurança que todos os megalozoários são carcomênicos. Deste fato podemos concluir que os infimozoários não são carcomênicos, uma vez que os infimozoários não são megalozoários", apesar de desconhecer o assunto tratado, podemos afirmar que a conclusão não decorre das premissas, ou seja, o argumento não é válido. De fato, se "Todos os megalozoários são carcomênicos", como mostram as pesquisas, então podem existir não megalozoários carcomênicos, ou seja, não se pode concluir que o que não é megalozoário não pode ser carcomênico.

É como se disséssemos: "Todos os produtos importados são caros" e quiséssemos concluir que "como o café não é importado, o café não é caro", o que, certamente, não parece razoável, ou seja, coerente.

As proposições categóricas e os limites da lógica

Como já foi dito, pela porta da Lógica apenas entram proposições, ou seja, frases que podem ser classificadas como verdadeiras ou falsas, não tendo outra alternativa nem podendo ser as duas coisas, simultaneamente. Existem, no entanto, frases que constituem armadilhas e podem minar uma argumentação. Por exemplo, a frase

"Políticos são corruptos"

pode ser associada a afirmações como

(a) "Todos os políticos são corruptos",

ou

(b) "Alguns políticos são corruptos",

ou

(c) "Em geral, os políticos são corruptos",

ou ainda

(d) "A maior parte dos políticos é corrupta".

É possível classificar, sem ambiguidades, (a) como falsa e (b) como verdadeira; o conteúdo das frases (c) e (d), no entanto, é menos preciso. Aristóteles evitou essas imprecisões da linguagem ordinária considerando, apenas, em seus argumentos, proposições que não pudessem dar margem a dúvidas quanto ao seu entendimento. Assim, ele não diria:

"Os atletas são famosos",

mas sim

"Todos os atletas são famosos",

ou então

"Alguns atletas são famosos".

Assertivas desse tipo foram chamadas por Aristóteles de PROPOSIÇÕES CATEGÓRICAS e constituem apenas QUATRO tipos básicos:

AFIRMAÇÃO UNIVERSAL:	"Todo a é b"
NEGAÇÃO UNIVERSAL:	"Nenhum a é b"
AFIRMAÇÃO PARTICULAR:	"Algum a é b"
NEGAÇÃO PARTICULAR:	"Algum a não é b"

Os silogismos e as regras aristotélicas

Na lógica aristotélica, são examinados com pormenor argumentos que consistem em duas premissas e uma conclusão, e que são chamados de SILOGISMOS. A palavra silogismo provém do grego *súllogos*, que significa reunião, ação de recolher, de interconectar palavras ao raciocinar.

SILOGISMO:

PREMISSA 1: ——-
PREMISSA 2: ——-
CONCLUSÃO: ——-

Argumentos mais elaborados, formados por um maior número de premissas, eram sempre decompostos em silogismos com conclusões parciais, encadeados até a obtenção da conclusão final.

Nos silogismos aristotélicos, tanto as premissas como a conclusão são proposições categóricas, de um dos tipos acima. Examinemos alguns exemplos:

SILOGISMO I

PREMISSA 1: Todos os homens são mortais.
PREMISSA 2: Alguns homens são ricos.
CONCLUSÃO: Alguns ricos são mortais.

SILOGISMO II

PREMISSA 1: Todos os cubanos são americanos.
PREMISSA 2: Todos os americanos são comunistas.
CONCLUSÃO: Todos os cubanos são comunistas.

SILOGISMO III
PREMISSA 1: Todos os girassóis são amarelos.
PREMISSA 2: Alguns pássaros não são amarelos.
CONCLUSÃO: Alguns pássaros não são girassóis.

É possível mostrar que existem 256 tipos de silogismos. Para chegar a esse número, observamos que em um silogismo aristotélico, cada proposição envolve dois termos - um sujeito e um predicado. Naturalmente, as duas premissas não podem ser totalmente desvinculadas, devendo apresentar um elemento - sujeito ou predicado - em comum. Esse elemento é chamado termo médio. O argumento a seguir, por exemplo, não constitui um silogismo, pois inexiste o termo médio:

PREMISSA 1: Todos os gatos são pardos.
PREMISSA 2: Todos os leões são mansos.
CONCLUSÃO: ??????

Dependendo da posição do termo médio nas premissas, há 4 classes de silogismos, que Aristóteles chamou de figuras:

PROPOSIÇÃO	FIGURA 1 termos envolvidos	FIGURA 2 termos envolvidos	FIGURA 3 termos envolvidos	FIGURA 4 termos envolvidos
premissa 1	*b* e a	a e *b*	*b* e a	a e *b*
premissa 2	c e *b*	c e *b*	*b* e c	*b* e c
conclusão	c e a	c e a	c e a	c e a

Além disso, cada uma das 3 proposições envolvidas em um silogismo pode ser de um dos 4 tipos categóricos básicos. Logo, há 4 x 4 x 4 = 64 possibilidades, para cada classe de silogismo descrito acima. Os silogismos possíveis constituem, então, um total de 4 x 64 = 256.

Na perspectiva aristotélica, um estudo elementar da Lógica consistiria em distinguir, entre tais 256 formas básicas de interconectar duas premissas a uma conclusão, quais as que seriam válidas em razão de sua coerência, ou seja, da absoluta necessidade de, admitidas as premissas como verdadeiras, seguir-se a conclusão como verdadeira. Por exemplo, o silogismo

PREMISSA 1: Todos os gatos são mansos.

PREMISSA 2: Todos os gatos são gordos.

CONCLUSÃO: Todos os gordos são mansos.

não é coerente, não é válido, uma vez que a verdade da conclusão não decorre inevitavelmente da verdade das premissas.

Na verdade, dos 256 tipos de silogismos possíveis de serem construídos, menos de 10% deles, ou mais precisamente, apenas 24 são argumentos coerentes, sendo todos os outros sofismas. Desses 24 silogismos coerentes, no entanto, 5 podem ser reescritos, de maneira óbvia, em função dos demais. Por exemplo, os dois silogismos que se seguem são coerentes, válidos, e estão entre os 24 acima referidos, mas o segundo é uma consequência muito óbvia do primeiro, e praticamente não o levamos em consideração:

SILOGISMO I

PREMISSA 1: Todos os parisienses são franceses

PREMISSA 2: Todos os franceses são europeus

CONCLUSÃO: Todos os parisienses são europeus

SILOGISMO II

PREMISSA 1: Todos os parisienses são franceses

PREMISSA 2: Todos os franceses são europeus

CONCLUSÃO: Alguns parisienses são europeus

Restam, assim, somente 19 formas legítimas de silogismo aristotélico. O leitor interessado em conhecer esses tipos aceitáveis de silogismos e as principais regras de conversão entre eles encontrará uma exposição sumária no Anexo A.

Para determinar se um silogismo era um argumento válido ou um sofisma, Aristóteles estabeleceu uma lista de regras, decorrentes da intuição direta sobre as formas legítimas de argumentação, como, por exemplo:

REGRA I

"Se ambas as premissas são afirmativas,
a conclusão deve ser afirmativa."

Assim, das premissas:
"Todos os patos nadam",
"Alguns gorilas nadam",
não se pode concluir, por exemplo, que
"Nenhum gorila é um pato",
pois a regra acima é violada.
Uma outra regra era a seguinte:

REGRA II

"Se ambas as premissas são particulares,
nada se pode concluir."

Assim, das premissas:
"Alguns homens dançam",
"Alguns gorilas não dançam",
nenhuma conclusão pode ser obtida.

Durante muito tempo, estudar Lógica significava aprender as regras formuladas por Aristóteles para distinguir bons de maus argumentos. A lista de regras para verificar a validade de um silogismo, algumas das quais eram bem pouco intuitivas, pode ser substituída, no entanto, por alguns DIAGRAMAS simples, relacionados com as proposições categóricas das quais tratou Aristóteles. A partir de tais diagramas, por inspeção direta, pode-se avaliar a legitimidade de um argumento. É o que será examinado a seguir.

Eüler e a representação do pensamento

Por volta de 1770, o matemático suíço Leonhard Eüler, em um livro chamado *Cartas a uma Princesa da Alemanha sobre diversos assuntos de Física e Filosofia*, recorreu a certos diagramas para representar as premissas e a conclusão, tendo em vista facilitar a compreensão das regras da boa argumentação.

Esquematicamente, o conjunto A, constituído por todos os elementos possuidores da propriedade a, é representado por uma região limitada do plano, ficando fora desta região os elementos não possuidores desta propriedade:

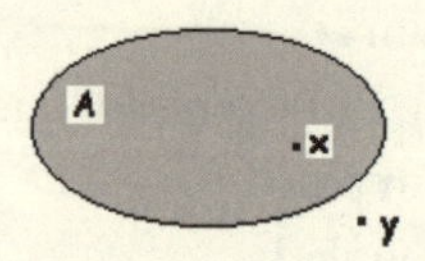

A: conjunto dos possuidores da propriedade a
x: possui a propriedade a
y: não possui a propriedade a

Temos, então, os seguintes diagramas, correspondendo às quatro proposições básicas:

PROPOSIÇÃO	DIAGRAMA DE EÜLER
Todo a é b.	A B
Nenhum a é b	A B
Algum a é b. (ou Existe a que é b.)	A B
Algum a não é b. (ou Existe a que não é b.)	A B

Observemos alguns exemplos:

"Todos os patos nadam."

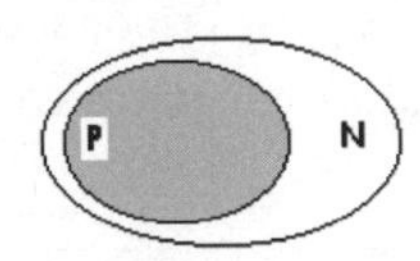

P: conjunto dos patos
N: conjunto dos seres que nadam

"Alguns gorilas nadam."
(ou Existem gorilas que nadam.)

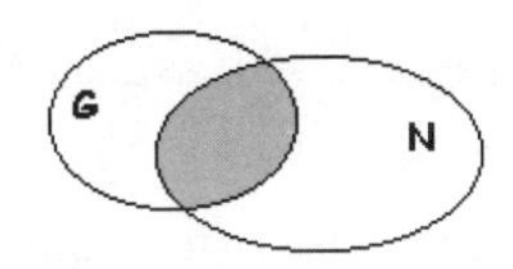

G: conjunto dos gorilas
N: conjunto dos seres que nadam

"Nenhum gato nada."

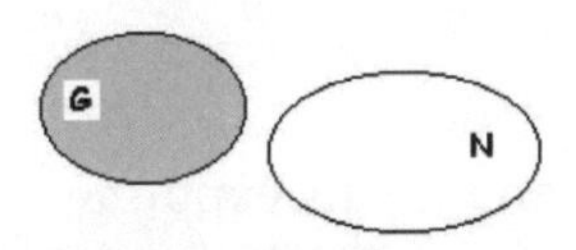

G: conjunto dos gatos
N: conjunto dos seres que nadam

"Alguns homens não nadam."

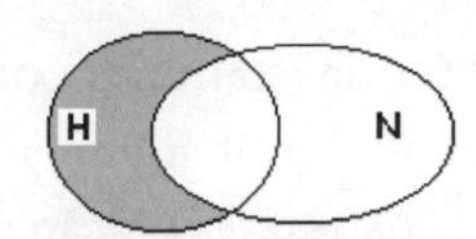

H: conjunto dos homens
N: conjunto dos seres que nadam

"Todos os países exportadores de petróleo são ricos."

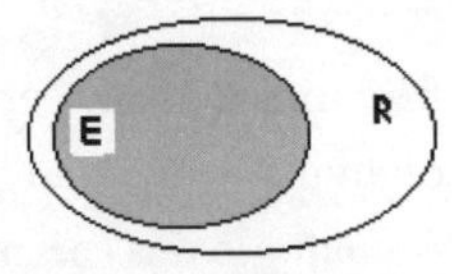

E: conjunto dos países exportadores de petróleo
R: conjunto dos países ricos

"Todos os países ricos são exportadores de petróleo."

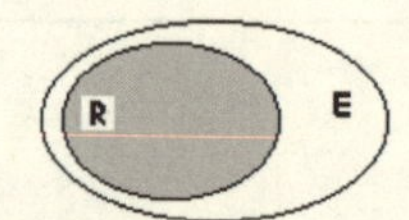

"Existem países ricos que não são
exportadores de petróleo."

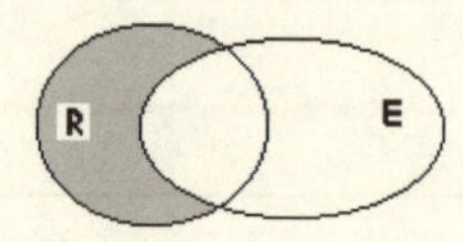

"Existem países ricos que são exportadores de petróleo."

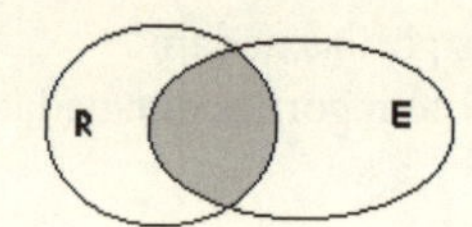

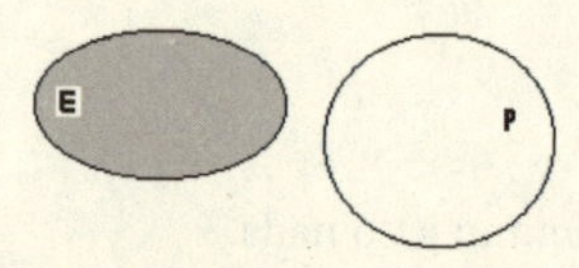

"Nenhum país exportador de petróleo é pobre."

E: conjunto dos países exportadores de petróleo
P: conjunto dos países pobres

Antes de examinar como, por meio dos diagramas de Eüler, podemos distinguir argumentos válidos de sofismas, vamos ver outros exemplos da representação de proposições por meio de diagramas, com a correspondente interpretação.

Exemplo 1:

O diagrama ao lado representa os seguintes conjuntos:

A – conjunto dos caranguejos,
B – conjunto dos crustáceos.

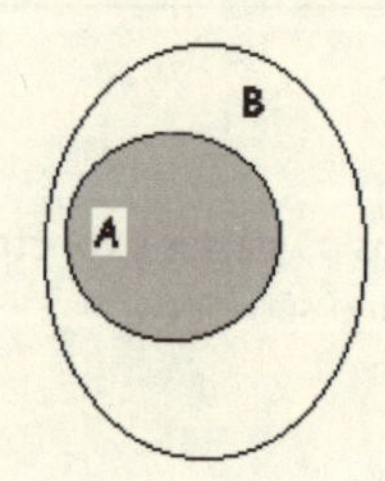

Suponhamos verdadeira a proposição:

"Todos os caranguejos são crustáceos."

e consideremos as seguintes proposições:

(1) Nenhum caranguejo é crustáceo.

(2) Se um animal não é caranguejo, então não é um crustáceo.

(3) Se um animal não é um crustáceo, então ele não é um caranguejo.

(4) Alguns caranguejos não são crustáceos.

A partir da premissa considerada, podemos concluir que:

- a proposição (3) é verdadeira;
- as proposições (1) e (4) são falsas.

Quanto à proposição (2), não temos condições de estabelecer, a partir da premissa dada, se é verdadeira ou se é falsa.

Exemplo 2:

Consideremos os seguintes conjuntos

H: conjunto dos habitantes do Brasil

B: conjunto dos brasileiros

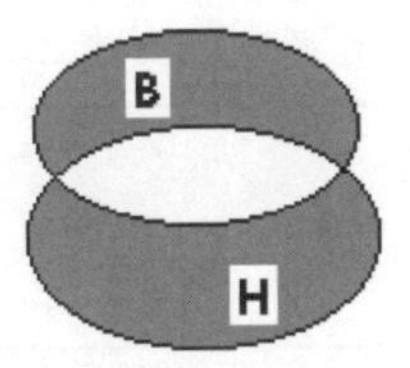

e suponhamos verdadeiras (conforme representado pelo diagrama acima) as proposições:

"Existem brasileiros que não moram no Brasil."

"Existem habitantes do Brasil que não são brasileiros."

Vamos verificar o que podemos concluir, a respeito das proposições seguintes, a partir das premissas dadas:

(1) Todos os habitantes do Brasil são brasileiros.
Proposição falsa, pois uma das premissas afirma que existem habitantes do Brasil que não são brasileiros.

(2) Quem não é brasileiro não mora no Brasil.
Nada se pode concluir.

(3) Nem todos os brasileiros moram no Brasil.
Proposição verdadeira (trata-se de uma afirmação equivalente à da premissa "Existem brasileiros que não moram no Brasil.").

(4) Nem todos os habitantes do Brasil são brasileiros.
Proposição verdadeira (afirmação equivalente à da premissa "Existem habitantes do Brasil que não são brasileiros.").

Por volta de 1880, Venn, um matemático inglês, aperfeiçoou os diagramas já utilizados muito anteriormente por Eüler, representando conjuntos, SEMPRE POR CÍRCULOS ENTRELAÇADOS. Nesta representação, uma região com sinais "-" não tem elementos, enquanto que uma região com sinal "+" é não vazia, isto é, tem elementos. Temos as seguintes correspondências com as proposições básicas:

A B	Todo a é b.
A B	Nenhum a é b.
A B	Algum a é b.
A B	Algum a não é b.

Na maioria das vezes em que diagramas são utilizados, na prática, os de Eüler é que são lembrados; no entanto, o nome mais frequentemente atribuído a eles é DIAGRAMAS DE VENN.

Por exemplo, representando a proposição "Existem atletas não saudáveis", por meio de diagramas de Venn, temos (A: conjunto dos atletas; S: conjunto das pessoas saudáveis):

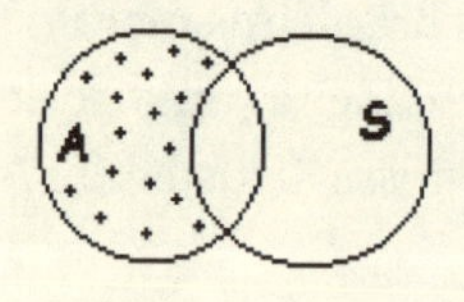

Enquanto que a proposição "Não existem atletas saudáveis" pode ser representada pelo diagrama:

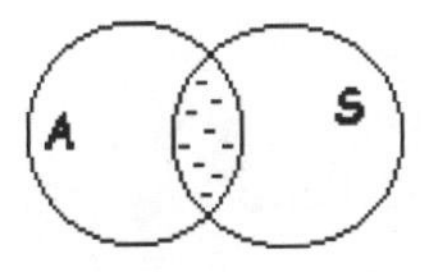

Tecnicamente, os diagramas de Venn podem ser considerados um aperfeiçoamento dos diagramas de Eüler, ainda que, do ponto de vista da intuição direta da inclusão ou da exclusão de classes, a representação de Eüler seja de compreensão muito mais imediata do que a de Venn.

Muitas vezes, proposições com a forma "se [...] então [...]" traduzem uma inclusão de conjuntos. Por exemplo, a proposição "Se alguém é atleta, então é saudável" traduz a inclusão do conjunto dos atletas no conjunto das pessoas saudáveis, ou seja, é equivalente a "Todos os atletas são saudáveis".

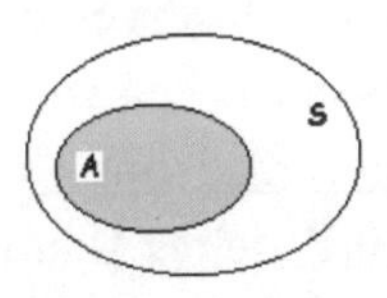

Argumentos e diagramas

Podemos utilizar diagramas como os de Eüler como recurso na avaliação de um argumento. Eles possibilitam, por inspeção direta, o reconhecimento de uma argumentação válida ou de um sofisma, desde que, naturalmente, a representação corresponda ao que as premissas afirmam. Vamos examinar, nos exemplos seguintes, como podemos fazer isso.

ARGUMENTO I:

Todos os paulistas são brasileiros.
João é paulista.
<u>Logo</u>, João é brasileiro.

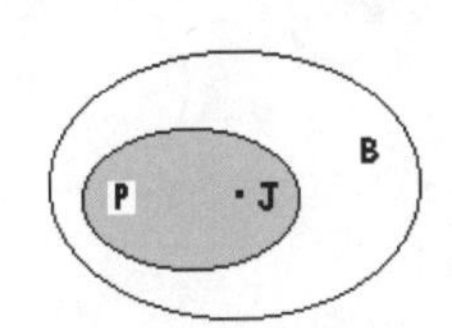

ARGUMENTO VÁLIDO

ARGUMENTO II:

Todos os paulistas são brasileiros.
Herbert não é paulista.
Logo, Herbert não é brasileiro.

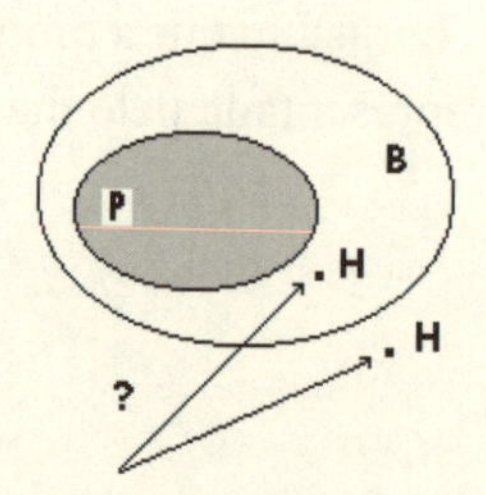

SOFISMA. Herbert pode ser ou não brasileiro. No caso de ele ser carioca, por exemplo, teríamos as premissas verdadeiras e a conclusão falsa.

ARGUMENTO III:

Existem brasileiros que são famosos.
Todas as pessoas famosas são chatas.
Logo, existem brasileiros que são chatos.

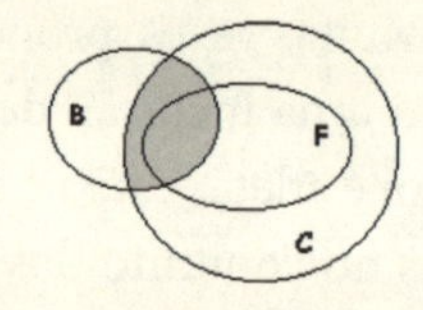

ARGUMENTO VÁLIDO. Observemos que não estamos afirmando que as premissas são, necessariamente, verdadeiras, mas apenas que, se elas forem verdadeiras, então a conclusão também será, inevitavelmente, verdadeira. Alguns podem discutir a verdade da segunda premissa. O argumento, no entanto, é VÁLIDO.

ARGUMENTO IV:

Nenhum garimpeiro é atleta.
Todos os atletas são saudáveis.
Logo, nenhum garimpeiro é saudável.

Diagrama α:

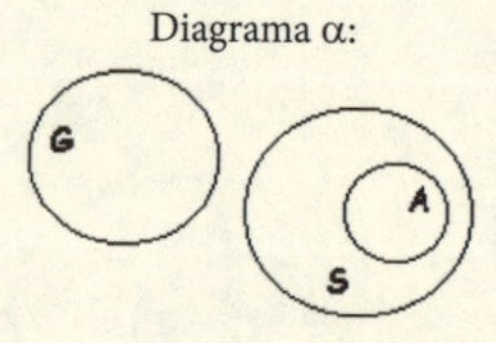

Diagrama β:

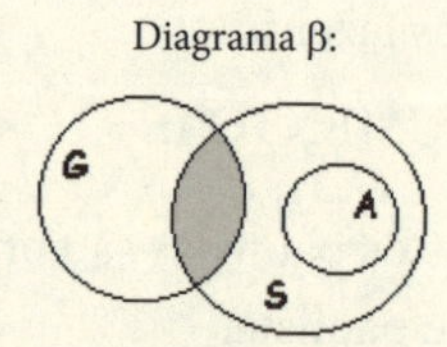

SOFISMA. A representação do diagrama β mostra que é possível termos as duas premissas simultaneamente verdadeiras e a conclusão falsa. O fato de ser possível uma representação como a do diagrama α, em que a conclusão parece verdadeira, não torna o argumento válido. Insistimos no seguinte ponto, que é fundamental para estas representações:

UM ARGUMENTO É VÁLIDO SE NÃO É POSSÍVEL TERMOS AS PREMISSAS SIMULTANEAMENTE VERDADEIRAS E A CONCLUSÃO FALSA.

ou ainda:

UM ARGUMENTO É VÁLIDO SE SEMPRE QUE TIVERMOS AS PREMISSAS SIMULTANEAMENTE VERDADEIRAS, DISTO DECORRERÁ, INEVITAVELMENTE, A VERDADE DA CONCLUSÃO.

ARGUMENTO V:

Todos os tubarões são antropófagos.
Existem índios que são antropófagos.
Logo, existem índios que são tubarões.

Diagrama α:

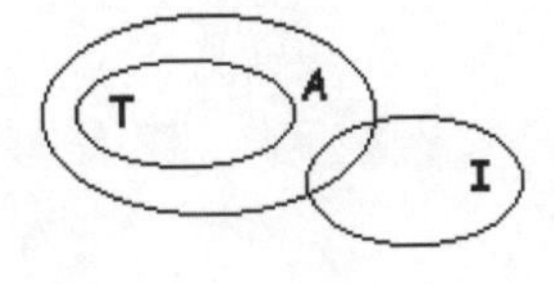

Diagrama β:

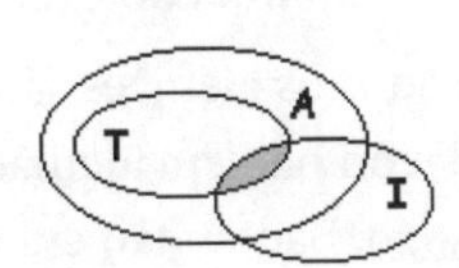

SOFISMA. O diagrama α mostra que é possível termos satisfeitas as condições enunciadas nas premissas e a falsidade da conclusão.

ARGUMENTO VI:

Todos os peixes são mamíferos.
Todos os mamíferos são aves.
Existem minerais que são peixes.
Logo, existem minerais que são aves.

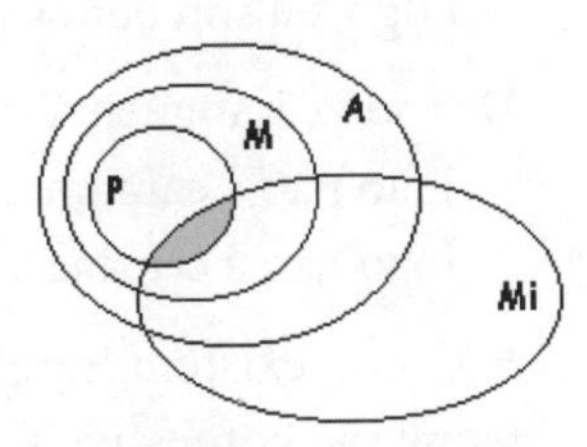

ARGUMENTO VÁLIDO. Note que, neste exemplo, todas as premissas são evidentemente falsas. Em consequência, apesar da argumentação legítima, a conclusão também será falsa.

Exemplo 1:

Os diagramas, à direita, representam as sequências de proposições, à esquerda:

A. Todos os olindenses são pernambucanos e todos os pernambucanos são brasileiros

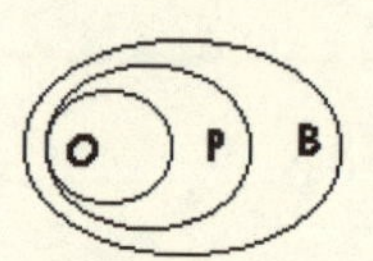

B. Nenhum paulista é sergipano mas tanto paulistas como sergipanos são brasileiros.

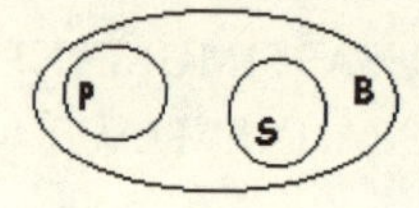

C. Todos os pássaros são tigres e nenhum tigre é mamífero.

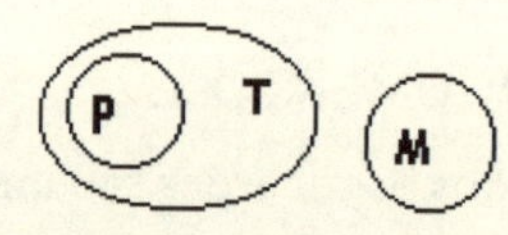

Exemplo 2:

Verifique, diretamente, por inspeção dos diagramas correspondentes, se os argumentos seguintes são válidos ou sofismas (as respostas vêm ao final do exemplo):

A. Todos os alemães são europeus.
Bacon não era alemão.
<u>Logo</u>, Bacon não era europeu.

B. Alguns brasileiros são ricos.
Alguns ricos são desonestos.
<u>Logo</u>, alguns brasileiros são desonestos.

C. Quem fuma "Sinistro" é bem sucedido. Eu fumo "Sinistro".
Logo, eu sou bem sucedido.

D. Todo caranguejo é crustáceo.
João não é caranguejo, logo,
João não é crustáceo.

E. Como existem livros que são verdes e existem coisas verdes que são comestíveis, existem livros que são comestíveis.

F. Sabemos que quem tem princípios morais nunca se embriaga.
Ora, o papa nunca se embriaga; logo, o papa tem princípios morais.

G. Nenhum brasileiro é europeu.
Nenhum europeu é sul-americano.
Logo, nenhum brasileiro é sul-americano.

H. Como todos os insetos são quadrúpedes, todos os quadrúpedes têm asas e existem serpentes que são insetos, concluímos que existem serpentes que têm asas.

I. Nenhum índio tem bigode.
Todos os caetés são índios.
Logo, nenhum caeté tem bigode.

J. Alguns escritores são chatos.
Todos os escritores são alfabetizados.
Logo, alguns chatos são alfabetizados.

K. Alguns médicos são comerciantes.
Nenhum médico é infalível.
Logo, nenhum comerciante é infalível.

L. Não existem capitalistas pobres.
Todos os mendigos são pobres.
Logo, não existem mendigos capitalistas.

M. Existem médicos que falam francês.
Todas as pessoas que falam francês são competentes.
Logo, existem médicos que são competentes.

N. Como todos os tubarões são antropófagos e existem índios que são antropófagos, deduz-se que existem índios que são tubarões.

Resposta: Os argumentos válidos são C, H, I, J, L, M. Observe que o argumento H é válido, embora sua conclusão seja falsa. O argumento K, por sua vez, trata-se de um sofisma com conclusão verdadeira.

Exemplo 3:

Considere o argumento:

"O Sr. K. Belo é careca. Se uma pessoa é careca, então ela não precisa de pente. Logo, o K. Belo não precisa de pente."

Você sabe que o Sr. K. Belo tem uma exuberante cabeleira. O que você pode concluir sobre a validade do argumento?

Resposta: O argumento é válido, independentemente de o Sr K. Belo possuir, ou não cabelo. A validade de um argumento se baseia apenas na obrigatoriedade de a conclusão ser verdadeira no caso de todas as premissas serem verdadeiras!

Capítulo III

A forma e o conteúdo: a lógica na linguagem cotidiana

O bom senso é a coisa do mundo mais bem partilhada, pois cada qual pensa estar tão bem provido dele que, mesmo os que são mais difíceis de contentar com qualquer outra coisa, não costumam desejar tê-lo mais do que o têm.

René Descartes, em Discurso do Método

A verdade no dia a dia

A Lógica Formal não trata da verdade ou da falsidade de proposições enunciadas isoladamente, mas da validade de argumentos, ou seja, da legitimidade de se apresentar uma proposição (a conclusão) como verdadeira a partir da verdade de outras proposições (as premissas). Já vimos que, para garantir a verdade de uma conclusão são necessárias duas condições independentes: a verdade das premissas e a validade do argumento utilizado. É a forma do argumento que determina sua validade, independentemente da verdade das premissas. Mas com base em quê pode ser garantida a verdade das premissas? Eis aí uma questão complexa, que é evitada intencionalmente pela Lógica Formal e é enfrentada continuamente por todos aqueles que argumentam, no dia a dia, recorrendo à linguagem cotidiana. No que se segue, registraremos algumas considerações sobre a lógica e a argumentação na língua nossa, de cada dia, nem sempre salvaguardados pelas restrições da linguagem e do formalismo lógico-matemático.

Quando argumentamos, pretendemos, sinceramente, partir de premissas verdadeiras, e para garantir isso, podemos afirmar que o conteúdo das premissas:

- é um conhecimento plenamente justificado, no terreno científico;
- é garantido pela autoridade de especialistas no tema;
- é uma questão de princípios, ou é um dogma, indiscutível;
- é amplamente conhecido, no nível do senso comum;
- é garantido pela confiança que depositamos na palavra de quem as enuncia;
- etc.

Como se vê, não é simples sustentar qualquer uma das razões acima. Mesmo o conhecimento chamado de "científico" está em permanente estado de construção e fatos que eram considerados verdades indiscutíveis ontem podem não mais sê-lo hoje: o átomo já foi indivisível, o tempo já foi absoluto, a Terra já foi plana, as botinhas ortopédicas já foram utilizadas por décadas para remediar pés chatos que se reformatavam naturalmente, com ou sem elas, como hoje é considerado verdadeiro... etc. etc. etc.

Quanto a argumentos que se apoiam na autoridade ou na confiança, eles sempre envolvem um risco, e entregar-se aos mesmos representa uma racionalização por meio de uma decisão irracional. As religiões e seus dogmas constituem apenas o exemplo mais notável de tal vertente. Como já se afirmou anteriormente, neste texto, desde que não se discutam seus pressupostos dogmáticos, Santo Tomás de Aquino demonstra a existência de Deus de cinco modos distintos, recorrendo a argumentos insofismáveis.

As crenças legitimadas pelo senso comum, aquelas proposições de que não falamos (ou pouco falamos) explicitamente, mas que são admitidas tacitamente como verdadeiras, constituem o fundamento da maior parte dos argumentos. Ainda que dificilmente consigamos viver e argumentar sem recorrer a tal expediente, é precisamente aí que mora o perigo...

Para o desenvolvimento de um pensamento crítico, são fundamentais, portanto, tanto o reconhecimento das formas válidas de argumentação – o que procuramos destacar na iniciação à Lógica Formal – quanto o discernimento na eleição das premissas consideradas verdadeiras. E parece inevitável algum tipo de compromisso com a autoridade que sustenta a verdade das premissas ou com o grau de veracidade que apresentam no nível do senso comum, do conhecimento partilhado culturalmente por todos, por meio da linguagem ordinária – da língua nossa de cada dia.

É por isso que tantas vezes vemos pessoas que fazem denúncias públicas de supostas falcatruas serem acusadas de deslizes ou de atitudes inadequadas em algum âmbito de suas atividades que nenhuma ligação apresenta com os fatos denunciados. Com isso, tem-se em vista minar sua reputação e, portanto, desacreditar o acusador, ainda que não se desminta diretamente aquilo que é afirmado.

Por outro lado, o recurso a argumentos adequados também é fundamental para defender uma proposição como verdadeira. Com alguma ironia, mas com muita perspicácia, em *A gaia ciência*, Nietzsche afirma que "a maneira mais pérfida de defender uma causa é atacá-la com um péssimo argumento", ou, simetricamente, "a maneira mais pérfida de combater uma causa é defendê-la com um péssimo argumento". Sem dúvida, um argumento ilegítimo induz, na maior parte das vezes, a uma rejeição da conclusão que se apresenta como verdadeira, tanto quanto uma argumentação absolutamente correta pode ser destruída por uma premissa falsa ou ingenuamente aceita como verdadeira.

O fato é que, nas situações da vida cotidiana, diferentemente dos contextos da Lógica Formal, para argumentar é fundamental interessar-se pela verdade das premissas, tanto quanto o é explicitar os nexos entre elas e a conclusão que se apresenta como verdadeira. E como o que se busca, em geral, é convencer os outros e persuadi-los a agir do modo que nos interessa, muitos recursos extralógicos, dispensáveis numa perspectiva puramente formal, são utilizados pelos participantes de um debate, de uma discussão, de uma argumentação.

Sem a prática sistemática de um pensamento crítico, sem um filtro aguçado para crenças consideradas, muitas vezes, naturais e indiscutíveis, mas que não passam de apostas no escuro, é possível ocorrer – e muitas vezes ocorre – que sejam aceitas conclusões falaciosas, ou sofismas tentadores. Numa palavra, é possível vencer um debate mesmo sem ter razões suficientes para tal, ou perdê-lo estando transbordante delas.

Naturalmente, tal prática pressupõe um uso consciente da linguagem cotidiana, que apresenta nuances às vezes imperceptíveis ao senso comum. Segundo Copi, "A linguagem é um instrumento tão sutil e complicado que frequentemente perdemos de vista a multiplicidade de seu uso" (1974, p.47). O autor destaca três usos da linguagem: informativo, expressivo e diretivo. No entanto, dificilmente a linguagem é usada exclusivamente com uma dessas funções. "A maioria dos usos ordinários da linguagem é mista" (Copi, 1974, p. 51). Por sua vez, Popper (1975) destaca quatro dimensões da linguagem: comunicar, expressar, narrar e argumentar. Dessas, as duas primeiras não nos distinguiriam dos animais, que também se comunicam e se expressam, enquanto que elaborar narrativas e argumentar seriam capacidades exclusivamente humanas.

Examinaremos algumas de tais peculiaridades da linguagem humana no que se segue.

Afirmações e negações

Já vimos que uma proposição é uma sentença que pode ser classificada como verdadeira, ou como falsa, não havendo outra possibilidade, nem podendo ser as duas coisas simultaneamente. Aquilo que uma proposição afirma pode ser *negado*, dando origem a uma outra proposição, chamada a NEGAÇÃO da primeira. A negação de uma proposição verdadeira é uma proposição falsa, e vice-versa. Por exemplo, a negação da proposição "Roma é a capital da Espanha" é a proposição "Roma *não* é a capital da Espanha" (ou, equivalentemente, "Não é verdade que Roma é a capital da Espanha"). A negação de "2 + 2 = 5" é a proposição "2 + 2 ≠ 5". A negação de "A Lua é um satélite da Terra" é "A Lua *não* é um satélite da Terra".

Embora a negação de uma proposição pareça muito simples, convém ressaltar que negar uma proposição não é apenas afirmar algo *diferente* do que foi afirmado, verdadeiro no caso da proposição dada ser falsa, e falso no caso de ela ser verdadeira. Por exemplo, negar "2 + 2 = 5" *não é* escrever "2 + 2 = 4". A negação de "Roma é a capital da Espanha" *não é* "Roma é a capital da Itália" (nem "Madri é a capital da Espanha"). A negação de "Meu carro é verde" não é "Meu carro é azul".

Um outro ponto importante a ser observado é que, embora em outras línguas, como o inglês, a dupla negação não seja permitida, na língua portuguesa, a dupla negação é utilizada, com frequência, para dar ênfase à negação. Assim, em inglês, a frase "I do not have nothing to declare" é gramaticalmente inaceitável, sendo correto afirmar-se "I have nothing to declare"; em português, no entanto, dizemos "Não tenho nada a declarar", "Não era ninguém", "Não comi nada" etc. Na Lógica Formal, a dupla negação equivale a uma afirmação (é como se, ao negar duas vezes, "voltássemos" à proposição original). Assim, quando falamos "Não tenho nada a declarar", estamos negando a proposição "Tenho nada a declarar", cuja negação é "Tenho algo a declarar".

Apesar de muito frequentes, as construções com dupla negação sempre podem ser substituídas por outras, preferíveis do ponto de vista lógico, que soarão melhor quando nos acostumarmos com elas:

Em vez de	podemos dizer
• Não tenho nada a declarar.	• Nada tenho a declarar.
• Não havia ninguém à porta.	• Ninguém estava à porta.
• Não comi nada.	• Não comi coisa alguma.

É certo que a redundância expressa pela dupla negação pode ter um importante papel na poesia e, quanto a isso, a Lógica Formal nada tem a acrescentar. Soaria estranho tentar reescrever versos como "Você não me diz nada, mas eu digo pra você" (*Menina*, Jorge Benjor) ou "Sem você, meu amor, eu não sou ninguém" (*Samba em prelúdio*, Baden Powell e Vinícius de Moraes).

Mesmo na imprensa, é comum encontrarmos ocorrências de dupla negação. Recentemente, em período de eleições nos Estados Unidos, um jornal de São Paulo trazia a manchete: "Por que as pesquisas não dizem nada." Na mesma ocasião, a propaganda de um grande banco trazia a seguinte afirmação de um profissional: "Na minha profissão, eu jamais receito o que você não precisa".

Conjunções e disjunções

Uma proposição simples é uma sentença (verdadeira ou falsa) que representa uma única ação. Por exemplo, "João é pernambucano", "2 + 2 = 5", "A Lua está mais distante da Terra do que o Sol" são proposições simples. Podemos, no entanto, concatenar duas ou mais sentenças, formando proposições compostas. Para isso, muitas vezes, usamos elementos de ligação, ou conectivos como o *e* e o *ou*.

Quando duas proposições simples são ligadas pelo conectivo e, a proposição composta resultante é a CONJUNÇÃO das proposições simples iniciais. Por exemplo, "João é pernambucano e 2 + 2 = 5", "Platão era grego e Pilatos era romano" são proposições que representam conjunções de proposições simples.

Uma conjunção de duas proposições é verdadeira apenas quando as proposições constituintes são, ambas, verdadeiras. Assim, a conjunção "João é pernambucano e 2 + 2 = 5" é falsa, independentemente de João ser ou não pernambucano, uma vez que a segunda proposição simples (2 + 2 = 5) é falsa. Por outro lado, a conjunção "Platão era grego *e* Pilatos era romano" é verdadeira.

Como negar uma conjunção? Negando pelo menos uma das proposições simples que a constituem. Por exemplo, considere-se a proposição composta "O aluno será aprovado se a nota final for igual ou superior a 5 e a frequência for igual ou superior a 75%". Supondo que ela seja verdadeira, e sabendo que João foi reprovado, o que podemos concluir?

Quando duas proposições simples são ligadas pelo conectivo *ou*, a proposição composta resultante é a DISJUNÇÃO das proposições simples iniciais. A partícula *ou*, na linguagem natural, pode traduzir tanto a ideia de possibilidades mutuamente exclusivas (ou ocorre isso, ou ocorre aquilo), como a de que pelo menos uma das hipóteses ocorre. Por exemplo, "Irei ao cinema ou ao teatro" traduz uma ideia de exclusão, enquanto que em "Amanhã choverá ou fará frio" o que se pretende garantir é a ocorrência de pelo menos um dos fenômenos, sendo possível que ambos ocorram. Na Lógica Formal, no entanto, o conectivo *ou* é sempre usado com o sentido não exclusivo.

Em Latim, para não haver qualquer confusão entre os usos do conectivo ou, havia duas palavras para representá-lo: *aut* significava o *ou exclusivo* (*ou isso, ou aquilo*), enquanto *vel* significava o *ou não exclusivo*. (Na linguagem da Lógica Formal, o símbolo *v*, usado para representar o *ou*, é a inicial da palavra *vel*).

Do ponto de vista lógico, para que uma disjunção seja verdadeira, é suficiente que uma das proposições simples que a constituem seja verdadeira. Em outras palavras, a disjunção é falsa apenas quando é constituída de duas proposições falsas. Por exemplo, "Paris é a capital da França *ou* 2 + 2 = 5" é verdadeira; "A capital do Brasil situa-se na Região Sul *ou* A capital do Brasil situa-se na Região Norte" é falsa.

Como negar uma disjunção? Negando cada uma das proposições simples que a constituem. Por exemplo, se a proposição composta "A garantia do carro é de 1 ano *ou* 10 mil quilômetros" é verdadeira, e sabendo-se que a mencionada garantia expirou, o que podemos concluir?

Implicações e equivalências

Muitas das sentenças que utilizamos no dia a dia têm a forma "se..., então...": "Se chover, então não irei à USP". Algumas vezes, o "então" fica subentendido: "Se o Santos ganhar, João fará um churrasco". Proposições compostas desse tipo são chamadas IMPLICAÇÕES. Numa implicação, na linguagem corrente, frequentemente, as proposições simples constituintes traduzem uma ideia de "causa" e "efeito": é como se a segunda decorresse da primeira.

Como negar a implicação? No exemplo anterior, quando a promessa feita por João terá sido quebrada? Ou seja, quando a implicação será falsa?

A resposta é: apenas no caso de o Santos vencer o jogo e João não oferecer o churrasco. Isto é, uma implicação "se p então q" é falsa quando se tem, simultaneamente, p verdadeira e q falsa; em qualquer outro caso, a implicação é verdadeira.

Pode parecer um pouco estranho que a implicação "se p então q" seja verdadeira no caso em que a proposição p é falsa, mas isso traduz a ideia intuitiva de que, não ocorrendo a "causa", não existe o compromisso de o "efeito" ocorrer. No nosso exemplo, caso o Santos perca ou empate o jogo, ficará a critério do João oferecer – ou não – o churrasco. Em qualquer uma dessas situações, a implicação não será negada, não será falsa.

É aplicando esse raciocínio que, na linguagem ordinária, usamos expressões como "Se isso estiver certo, eu como o meu chapéu", ou "Se ele não estiver mentindo eu sou mico de circo". A ideia subjacente a tais afirmações é que, a partir de uma proposição falsa, podemos deduzir qualquer outra; aceitando algo que se considere absurdo, tudo pode acontecer!

No dia a dia, é comum ocorrer um equívoco envolvendo as negações de implicações que enunciamos, ou ouvimos. Considere, por exemplo, as proposições seguintes:

(i) "Se uma pessoa é cega, então não tem carta de motorista."

(ii) "Se uma pessoa vê, então tem carta de motorista."

A implicação (ii) é a negação da implicação (i)?

A implicação (ii) pode ser deduzida de (i)?

As respostas às duas perguntas são: não e não!

A implicação (ii) parte da negação da proposição "uma pessoa é cega". Daí, com base na implicação (i), nada podemos concluir a respeito de a pessoa ter ou não carta de motorista. A implicação (ii) não é a negação, nem é consequência da implicação (i). De modo geral, a proposição "se p, então, q" não é logicamente equivalente a afirmar-se que "se não p, então, não q".

Nem sempre, no entanto, o reconhecimento de tal fato é imediato, no uso corrente da língua. Consideremos, por exemplo, a afirmação

> "Se fôsseis cegos, não teríeis culpa, mas dizeis que vedes e por isso sois culpados." (Evangelho segundo São João, 9.41)

De um ponto de vista puramente lógico, no sentido da Lógica Formal, trata-se de uma implicação inaceitável, tanto quanto o seria a afirmação

> "Se fôsseis cegos, não teríeis carta de motorista, mas dizeis que vedes e por isso tendes carta de motorista."

É necessário ter cautela, no entanto, com a conclusão de que o Evangelho estaria logicamente equivocado, não por uma questão religiosa, mas em razão da compreensão do *uso das palavras na linguagem corrente*. De modo geral, julgar enunciados da linguagem ordinária tendo por parâmetro apenas as regras de uso dos termos da Lógica Formal pode ser uma atitude extemporânea e mesmo completamente descabida. E é exatamente o que parece ocorrer com o texto bíblico citado.

De fato, no uso corrente da língua, é comum a expressão "se isso, então, aquilo" ocorrer com o significado de uma equivalência lógica, ou seja, "isso ocorre se aquilo ocorre, e vice-versa", ou ainda, "isso ocorre se e somente se aquilo ocorre", ou ainda, "afirmar isso é equivalente a afirmar aquilo".

É hora, então, de falarmos um pouco sobre a EQUIVALÊNCIA de proposições. Quando duas proposições são logicamente equivalentes, uma delas é verdadeira quando e somente quando a outra o for; e será falsa, quando e somente quando a outra o for. É como se uma delas acarretasse a outra e vice-versa, ou seja, intuitivamente, como se cada uma pudesse ser considerada, simultaneamente, causa e efeito da outra. Do ponto de vista da Lógica Formal, elas afirmam a mesma coisa. A equivalência, também chamada bi-implicação, é a proposição composta da forma "se p então q e se q então p". Nesse caso, dizemos "p se e somente se q".

Em decorrência do uso frequente, na linguagem natural, da palavra "se" com o sentido de "se e somente se" (mesmo quando matemáticos fazem afirmações técnicas como "um número é par se é divisível por 2"), é muito mais importante procurar compreender o sentido em que cada palavra ou expressão costuma ser utilizada do que arrogar-se de juiz e passar a corrigir tais usos tendo por base regras sintáticas convencionadas, muitas vezes, *a posteriori*.

Confessemos: quando afirmamos, por exemplo, "Se chover, João não irá à USP", quase automaticamente, pensamos que "Se não chover, João irá à USP", o que não é uma associação legítima, a menos que, tacitamente, "se", para nós, signifique "se e somente se" ...

Contradições e tautologias

Já vimos que uma proposição é uma sentença que pode ser classificada como verdadeira ou como falsa, não podendo ser verdadeira e falsa simultaneamente. Uma afirmação do tipo "João é pernambucano e João não é pernambucano" é uma CONTRADIÇÃO; admitir a verdade simultânea das duas é considerado um paradoxo, um absurdo. De modo geral, qualquer sentença composta equivalente a uma afirmação do tipo A e não A é contraditória, ou traduz uma contradição.

Na Lógica Formal, vimos que uma proposição como "se p, então q" pode ser representada por meio de diagramas de inclusão de conjuntos; por exemplo, a proposição "se alguém é um atleta, então, deve ser saudável" pode ser traduzida pela inclusão do conjunto dos atletas no conjunto das pessoas saudáveis. De modo geral, se um conjunto A está contido em um conjunto B, podemos traduzir isso afirmando que todo elemento de A também pertence a B, ou então que "se a, então, b".

No caso da implicação "se (p e ~p), então q", não existem elementos que satisfazem simultaneamente as duas condições (p e ~p); logo, o conjunto dos elementos que satisfazem a isso é o conjunto vazio, $\varnothing$, que está contido em qualquer conjunto: $\varnothing \subset Q$, para todo conjunto Q. Assim, dizer-se que "se (p e ~p), então q" é o mesmo que afirmar-se que $\varnothing \subset Q$, para todo conjunto Q, ou seja, de uma contradição é possível concluir-se qualquer coisa...

Em uma aula, instado por um aluno a dar um exemplo de tal fato, o filósofo e matemático Bertrand Russell solicitou dele uma contradição, tendo recebido a seguinte proposição: "$2 = 1$ e $2 \neq 1$". A partir dela, prometeu: "Vou provar-lhe que sou o Papa!" E construiu o seguinte argumento:

"Eu e o Papa somos diferentes;
eu e o Papa somos 2;
mas $2 = 1$;
logo, eu e o Papa somos 1".

Contradizer-se, portanto, pode ser fatal numa argumentação.

No âmbito da poesia, no entanto, uma ambiguidade, ou mesmo uma aparente contradição pode levar à composição de imagens belíssimas, como no poema de Fernando Pessoa:

"O Tejo é mais belo que o rio que corre pela minha aldeia
Mas o Tejo não é mais belo que o rio que corre pela minha aldeia
Porque o Tejo não é o rio que corre pela minha aldeia."

No polo oposto ao das contradições, encontram-se as TAUTOLOGIAS. Uma tautologia é uma sentença que afirma algo certamente verdadeiro, como, por exemplo, "João é pernambucano *ou* João não é pernambucano". O mesmo se poderia dizer de frases como "João é uma pedra *ou* João não é uma pedra", ou ainda, "O suspeito confessará a autoria do crime. Ou não". Do ponto de vista da lógica formal, uma proposição tautológica nada nos informa de novo, em nada contribui para a construção da argumentação.

Exemplo.

São tautologias:

"Se eu ficar em casa, eu não irei à escola"
"Mãe é mãe."
"Tudo o que é demais é muito."
"Uma proposição é uma contradição ou não é."
"Ser ou não ser, eis a questão." (Shakespeare, em *Hamlet*)

Exemplo.

São contradições aparentes:

"Morre Rachel, 92, a primeira imortal" (*O Estado de S. Paulo*, 5/11/03)

"No mundo inteiro, as operações da Parmalat estão conseguindo funcionar. Infelizmente, não é o caso do Brasil." (Assessor de Enrico Bondi, *O Estado de S. Paulo*, 4/2/04)

"Hei de fazer deste país uma democracia. Mesmo que seja contra a maioria da população."

Exemplos saborosos de aparentes contradições podemos ainda encontrar na seguinte citação de Sartre: "A única liberdade que não temos é a de não sermos livres", ou no Artigo 27 do Código Civil Suíço cujas palavras iniciais são: "Ninguém pode abdicar da sua liberdade..."

Parece que é, mas não é: falácias

Associamos, anteriormente, a palavra *falácia* a um argumento não válido; de fato, argumentos ilegítimos são chamados de *falácias formais*. Na linguagem ordinária, no entanto, o termo *falácia* é utilizado quando nos referimos a um argumento que parece correto, mas quando analisado mais detidamente, não o é. São as chamadas *falácias informais*, que constituem formas de raciocínio centradas menos na lógica formal e mais nas dimensões psicológicas da argumentação, do convencimento, tendo aparência sempre tentadora, embora sejam quase sempre enganadoras.

Um exemplo de falácia informal é o seguinte argumento:

> "Em uma democracia, os pobres têm mais poder do que os ricos, porque há mais pobres do que ricos, e a maioria é que detém o poder."

Apesar da forma aparentemente correta, do ponto de vista prático, uma análise mais detida do conteúdo das premissas revela que o argumento é falacioso: a "maioria" da população não pode ser identificada com a "maioria" dos votantes; além disso, o sistema de representação vigente pode ser tal que os mais ricos sejam mais bem representados. Falácias desse tipo, que decorrem dos vários sentidos associados a termos presentes nas premissas, são chamadas *falácias de ambiguidade*.

Analisemos um outro exemplo:

> "Permitir que todos os homens tenham total liberdade de expressão é fundamental para o Estado, pois é imprescindível para uma comunidade que cada cidadão desfrute de plena liberdade de demonstrar suas emoções, seus sentimentos."

Na verdade, tanto a premissa quanto a conclusão afirmam essencialmente a mesma coisa, têm exatamente o mesmo conteúdo. A verdade da conclusão é a própria verdade da premissa, em vez de resultar dela por um raciocínio lógico. Na linguagem jurídica, diz-se que há uma *petição de princípio*.

Uma vertente enorme de falácias informais é representada por argumentações em que *se deixa de lado o conteúdo das premissas apresentadas e passa-se a atacar a pessoa do apresentador*, tendo em vista destruir sua credibilidade, como já foi mencionado anteriormente. Naturalmente, por mais que se consiga o convencimento do oponente, neste caso, o argumento é falacioso, uma vez que mesmo um criminoso ou um mau caráter pode estar falando a verdade na situação em tela. O desvio da atenção para aspectos distantes do conteúdo das premissas conduz a que se rotulem tais situações como *falácias de irrelevâncias*. É o que ocorre nos exemplos a seguir:

> "As ações governamentais são essencialmente corretas, sendo adequadas para resolver os problemas que enfrentamos. Mas o governante não é bom pai, não é bom marido, não procura ser minimamente simpático com a população, e por isso suas ações precisam ser criticadas e combatidas."
>
> "O promotor apresentou uma fita de vídeo, que é comprovadamente autêntica, onde o fiscal X aparece recebendo uma grande quantia em dinheiro para não multar a empresa Y. Mas a gravação da fita constitui uma violação da privacidade do fiscal, o que é crime. Logo, o promotor é que deve ser culpado pelo ato ilegal."

Há inúmeros outros tipos de argumentos enganosos, como:

- Aceitar uma proposição como verdadeira apenas porque não foi provada sua falsidade. Aqui, vale uma observação: essa argumentação é uma falácia em qualquer contexto que não o de tribunais, onde o princípio que vigora é o de que todo mundo é considerado inocente até que se prove o contrário.
- Apelar para a piedade ou sentimento de compaixão do ouvinte, para convencê-lo de algo. Levando ao extremo, poderíamos pensar no caso de uma pessoa, acusada de matar os próprios pais, apelar para a piedade dos jurados, alegando ser órfã...
- Apelar para a emoção das pessoas para obter sua anuência a uma conclusão que não se sustenta em provas. Esse tipo de argumento é fortemente explorado pela propaganda.

E muitos mais.

Exemplo:

Os argumentos a seguir constituem falácias:

Argumento A:
"O senhor X é certamente um homem honesto, uma vez que até hoje teve um comportamento absolutamente correto em tudo o que fez."
Argumento B:
"O fim da vida é a perfeição moral. A morte é o fim da vida. Logo, a morte é a perfeição moral."
Argumento C:
"Ninguém conseguiu provar que Fulano D. Tall é culpado. Logo, Fulano D. Tall é inocente."
Argumento D:
"Tudo o que é raro é caro. Tudo o que é barato é raro. Logo, tudo o que é barato é caro."
Argumento E:
Mostrando a coluna de obituários dos jornais, Gudin afirmou: "Sabe o que todas estas pessoas têm em comum? Bebiam água. Logo, a água não faz bem à saúde". (*Eugênio Gudin – O Estado de S. Paulo, 14 de julho de 1985*)
Argumento F:
"Em geral, os viciados em cocaína iniciaram-se no mundo da droga usando drogas mais leves, como a maconha. Ora, o adolescente Z foi surpreendido fumando maconha. Logo, é muito provável que se torne um viciado em cocaína."
Argumento G:
"Em geral, os viciados em cocaína começaram a vida mamando o leite materno. Ora, o adolescente Y mamou por muitos meses o leite materno. Logo, é muito provável que se vicie em cocaína."
Argumento H:
"Navegar não é viver, porque navegar é preciso e viver não é preciso."
Argumento I:
O poeta argumentou com o livreiro:
"Poesia não se vende porque a poesia não se vende."

Aqui cabe uma observação quanto à intransigência na argumentação: um argumento falacioso realiza "manobras" no sentido de convencer o interlocutor a respeito da veracidade da conclusão.

Uma estratégia de outra natureza pode ser adotada, ao se opor resistência a uma inovação. Em *A retórica da intransigência*, Hirschman caracteriza três tipos de argumentação reativa – os argumentos perversos, os fúteis e os ameaçadores:

> De acordo com a tese da *perversidade*, qualquer ação proposital para melhorar um aspecto da ordem econômica, social ou política só serve para exacerbar a situação que se deseja remediar. A tese da *futilidade* sustenta que as tentativas de transformação social serão infrutíferas [...] Finalmente, a tese da *ameaça* argumenta que o custo da reforma ou mudança proposta é alto demais, pois coloca em perigo outra preciosa realização anterior (1991, p. 15).

O dito e o não dito: entimemas

Quando argumentamos no dia a dia, na linguagem ordinária, é muito comum deixarmos implícitas certas premissas, supostas conhecidas por todos, e consideradas indiscutíveis.

Por exemplo, podemos dizer: "Ives não poderá candidatar-se a presidente do Brasil porque é francês". A premissa omitida, neste caso, é que "somente brasileiros podem candidatar-se a presidente do Brasil". Um outro exemplo: "Uma pessoa desiludida não deveria ser professor, pois os alunos necessitam de entusiasmo para alimentar seus projetos de vida".

Um argumento no qual uma ou mais premissas são deixadas implícitas é chamado de ENTIMEMA. Algumas vezes, a não explicitação de certas suposições, consideradas óbvias, visa a uma simplificação do argumento, tendo em vista aumentar a sua força, seu poder de convencimento. Ao deixar premissas implícitas, no entanto, abre-se a possibilidade de desvios ou de mal-entendidos que somente o exercício do pensamento crítico pode filtrar.

No âmbito da Matemática, teoremas são argumentos em que as premissas são as hipóteses e a conclusão, a tese que se quer provar. Em *Proofs without words* (Nielsen, 1993), temos exemplos de entimemas matemáticos, nos quais tanto as premissas como a conclusão são representadas por imagens, como ocorre na demonstração do Teorema de Pitágoras, a seguir:

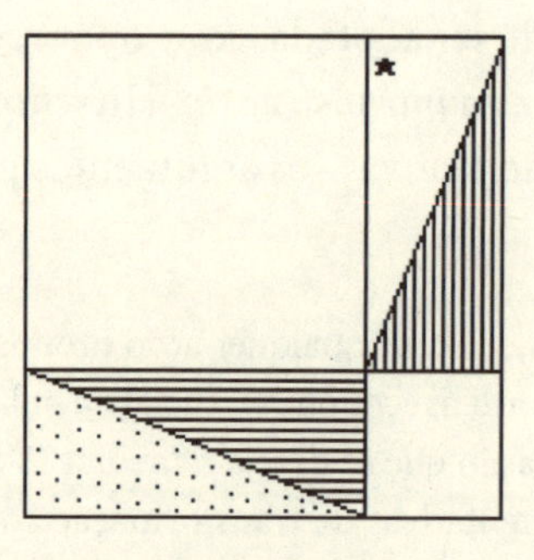
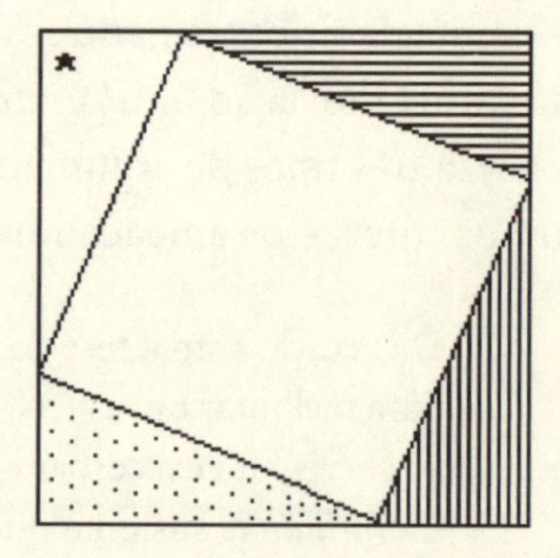

O Anexo B apresenta um detalhamento desse argumento visual.

Exemplo:

Os argumentos a seguir constituem entimemas. (Procure explicitar a(s) premissa(s) omitida(s) e comparar com as repostas do Anexo B.)

Argumento A:

"Nenhuma pessoa verdadeiramente religiosa é vaidosa; em consequência, Marta não deveria frequentar a igreja."

Argumento B:

"Não se pode confiar em números porque os números não mentem, mas mentirosos usam números."

Argumento C:

"O cachorrinho do Presidente deve gostar muito de ópera, pois o Presidente gosta muito deste gênero artístico."

Argumento D:

"Apesar de achar a cobrança de pedágio uma medida defensável, não concordo com o valor estipulado."

Argumento E:

"Tenho horror de viajar e acho que se viagem fosse cultura, todo marinheiro seria um sábio." (Max Nunes, *O Estado de S. Paulo*, 17 de abril de 1988)

O buraco é mais embaixo: dilemas

Um DILEMA é um tipo de argumento que conduz a uma conclusão desagradável ou inaceitável a partir de duas premissas antagônicas, uma das quais terá que ser admitida como verdadeira.

Uma matriz básica para seu reconhecimento é o clássico exemplo: "Você está perdido, porque se correr, o bicho pega; se ficar, o bicho come..."

Em um debate, recorre-se ao dilema para levar o oponente a uma situação tal que, tendo que escolher entre aceitar A ou então, a negação de A, qualquer que seja sua opção, ele é conduzido a uma conclusão que não lhe convém.

Por exemplo, em uma argumentação sobre a necessidade da criação de tarifas alfandegárias protecionistas para determinado produto, pode-se afirmar:

> "A tarifa proposta ou produzirá a escassez do produto em questão, ou não a produzirá. Se produzir escassez, será prejudicial à população; se não a produzir, será inútil. Portanto, a tarifa proposta será prejudicial ou será inútil."

Para escapar de um dilema, é necessário examinar as premissas que compõem a aparentemente inevitável alternativa inicial, e procurar refutar tal inevitabilidade, ou então, mostrar que as consequências de pelo menos uma das alternativas não são tão desagradáveis como se pretende. No exemplo anterior, pode-se questionar tanto a alternativa escassez x não escassez, quanto o fato de que a escassez seja necessariamente prejudicial à população.

Também é possível escapar de um dilema por meio de um contradilema, como no exemplo a seguir:

> Dilema:
>
> "Ou trabalho, ou estou ocioso. Se trabalho, não me divirto; se estou ocioso, não ganho dinheiro. Portanto, ou não me divirto ou não ganho dinheiro."
>
> Contradilema:
>
> "Ou trabalho, ou estou ocioso. Se trabalho, ganho dinheiro; se permaneço ocioso, divirto-me. Portanto, ou ganho dinheiro ou me divirto."

Um exemplo clássico de dilema relata um caso célebre, um litígio ocorrido entre Protágoras e Eulato, na Grécia, no século V a.C. Protágoras era mestre na arte de apresentar alegações aos jurados, nos tribunais. Eulato queria ser advogado, mas não tinha meios de pagar os honorários de Protágoras. Fizeram, então, o seguinte acordo: Protágoras lhe ensinaria a arte da argumentação, sem receber pagamento algum, até que Eulato ganhasse seu primeiro caso. Nesse dia, Eulato pagaria ao mestre. Entretanto, após concluir seus estudos, Eulato adiou o início de sua atividade profissional para não ter que pagar sua dívida. Protágoras, então, moveu uma ação judicial contra seu ex-aluno, para receber o que lhe era devido. Eulato decidiu fazer sua própria defesa no tribunal. Protágoras iniciou a argumentação apresentando um dilema:

"Se Eulato perder este caso, então terá que pagar-me (por sentença do tribunal); se ele ganhar o caso, terá, igualmente, que pagar-me (pelo nosso combinado). Ou ele perderá a ação, ou ganhará a mesma. Portanto, Eulato pagará o que me deve."

Porém, Eulato havia sido um bom aluno, e contra-atacou:

"Se ganhar este caso, não terei que pagar a Protágoras (por decisão do tribunal); se perder, também não terei que pagar a Protágoras (pelo nosso combinado, visto que não terei ganho ainda minha primeira causa). Ou ganharei este caso, ou perderei o mesmo. Portanto, não pagarei a Protágoras."

Exemplos.

Os argumentos a seguir constituem dilemas (procure uma maneira de escapar de cada um deles...):

Dilema A:

"Se a Petrobras é eficiente, não precisa de monopólio; se é ineficiente, não o merece." (Pres. Castello Branco, O *Estado de S. Paulo*, 17 de abril de 1988)

Dilema B:

"Você já parou de bater em sua mulher?"

Dilema C:

"Um homem não pode investigar sobre aquilo que já sabe, nem sobre aquilo que ignora. Pois se já sabe, não precisa investigar; e se ignora, não sabe o que deve investigar." (Platão, *Mênon*)

Piadas como argumentos

Uma boa piada costuma parecer-se com um argumento. Ao contá-la, as premissas são apresentadas de modo a encaminhar para determinada conclusão, legitimamente deduzida; no entanto, uma conclusão inesperada é apresentada no desfecho da piada, igualmente decorrente das premissas anunciadas. Quanto mais surpreendente for a conclusão em relação ao que parecia mais plausível, mais engraçada parece a piada.

Algumas vezes, a conclusão inesperada decorre do fato de uma ou mais premissas terem um sentido ambíguo, e é o duplo sentido que dá origem à situação inesperada. Exploremos alguns exemplos. Em cada um deles, procure identificar a conclusão "natural" e a "surpreendente", que origina a piada, bem como a eventual ambiguidade nas premissas que teria dado origem à dupla conclusão.

PIADA 1

No dia 31 de dezembro, em uma festa de final de ano, um bêbado contumaz, pressionado pela família, promete: "No ano que vem, ficarei seis meses sem tocar em qualquer bebida alcoólica!"

No dia 1 de janeiro, cumpre o prometido e passa o dia inteiro sem beber. A família se regozija. No dia 2 de janeiro, logo cedo, enche a cara, toma todas as doses possíveis e cai pela sarjeta. Decepcionados, os familiares perguntam: "E a promessa?"

E o bêbado responde: "Estou cumprindo direitinho! Um dia sem beber, um dia bebendo... se eu continuar assim, no final do ano..."

PIADA 2

No bar, um cavalheiro pede 10 doses idênticas de uma cachaça e o garçom, surpreso, vê-lo tomar todas, sucessiva e rapidamente.

Mal se refez do último gole, o cavalheiro pede, agora, 9 doses idênticas da mesma cachaça. O garçom serve prontamente, e as mesmas são bebidas sucessiva e rapidamente, como antes.

Imediatamente, o cavalheiro pede 8 doses, sendo atendido pelo atônito garçom; e toma todas rapidamente. Já quase completamente embriagado, o cavalheiro pede mais 7 doses, depois 6, depois 5, depois 4, sempre bebendo todas, rapidamente, e ficando, naturalmente, cada vez mais embriagado.

Ao pedir mais 3 doses, o garçom, preocupado, tenta argumentar: "Meu amigo, você já está pra lá de Bagdá... Por que mais 3 doses?"

"Porque eu tenho que provar uma tese!", disse o bebum.

"Provar uma tese?", retorquiu o garçom.

"*Quero provar que quanto menos eu bebo, pior eu fico...*"

PIADA 3

Um homem procura um médico e garante: "Doutor, estou morto!"

O médico retruca: "Certamente o senhor não está morto!"

O homem insiste: "Doutor, estou morto!"

O médico argumenta: "Você concorda comigo que mortos não sangram, não é?"

E o homem: "É lógico!"

Então, o médico espeta o dedo do homem com uma agulha e o sangue começa a sair.

O homem, então, desapontado, confessa ao médico:

"É, doutor, eu estava errado. *Os mortos sangram...*"

PIADA 4

Um caipira encontra um professor com um livro debaixo do braço. Pergunta, então:

– O que é isso, moço?

– É um livro de Lógica!, responde o professor.

– Lógica? Pra que serve isso?

– Lógica é uma coisa que ajuda a gente a raciocinar, a tirar conclusões. Por exemplo, Você tem cachorro em casa?, pergunta o professor.

– Tenho, sim senhor.

– Então, quando você chega em casa, ele faz festa.

– Faz, sim senhor.

– E daí, traz seu chinelo na boca.

– Traz, sim senhor.

– Então você não tem chulé!

– É verdade! Qui maravilha, sô!

– Viu? É assim que funciona a Lógica.

O caipira, empolgado com o que aprendera, compra o livro de Lógica e vai mostrar a um amigo:

– Cumpadre, veja que trem bão é a Lógica!

– Lógica? Que é isso?

– Deixa eu mostrar procê: Ocê tem cachorro em casa?

– Não, responde o amigo.

– Então ocê tem um chulé brabo, cumpadre!

PIADA 5

Sherlock Holmes e Dr. Watson estavam deitados sobre a relva, à noite, quando Sherlock pergunta:

– Caro Watson, o que vês?

Watson responde:

– Vejo o céu, de um azul profundo, cheio de estrelas.

– E o que podes concluir daí, meu amigo? Pergunta Holmes.

Watson, hesitante:

– Que somos insignificantes diante da grandeza do universo?

– Não, meu caro Watson, retruca Sherlock: Roubaram nossa barraca!!

Capítulo IV

Lógica, lógicas: uma visão panorâmica

Eu
à poesia
só permito uma forma:
concisão,
precisão das fórmulas
matemáticas.
Às parlengas poéticas estou acostumado,
eu ainda falo versos e não fatos.
Porém
se eu falo
"A"
este "a"
é uma trombeta-alarma para a Humanidade.
Se eu falo
"B"
é uma nova bomba na batalha do homem.

Wladimir Maiakovski
(trad. Augusto de Campos)

Lógica, lógicas

De modo geral, quando falamos em Lógica, num contexto de ciência, estamos, geralmente, nos referindo à *Lógica Formal*, também chamada *Lógica Clássica* ou de *Aristóteles* (384-322 a. C.).

Como já vimos, nela, as afirmações consideradas e estudadas – as proposições – são restritas àquelas passíveis de receber um, e apenas um, entre dois valores de verdade: falso ou verdadeiro. Trata-se, assim, de um sistema bivalente, embasado, primordialmente, em dois princípios: o da não contradição (uma proposição não pode ser falsa e verdadeira), simultaneamente; e o do terceiro excluído (uma proposição ou é falsa, ou é verdadeira, não havendo uma terceira possibilidade).

Além disso, a lógica formal é atemporal: as proposições são admitidas como verdadeiras ou falsas abstraindo-se o tempo e, como o próprio nome indica, apenas a forma com que elas conectam-se entre si determina seu valor de verdade ou a validade de uma argumentação da qual essas proposições façam parte.

Considerar o tempo em que se enuncia uma proposição ou negar algum dos princípios da lógica formal pode conduzir a um outro sistema lógico coerente, ainda que bem diferente do sistema formal clássico. De certa forma, é uma situação semelhante à que ocorre com as chamadas geometrias não euclidianas, que são sistemas coerentes bem diferentes do sistema formal da tradicional geometria euclidiana. Tal como as diversas geometrias constituem representações legítimas da realidade, descrevendo-as adequadamente em circunstâncias distintas, as diversas lógicas poderiam representar diferentes modos de conduzir o raciocínio, cada um com um âmbito de legitimidade. Mas se há mais de um sistema lógico, o que, de fato, caracteriza uma teoria como sendo uma *lógica*?

Uma possível resposta é que uma lógica rege a realização de "cálculos" de inferência, que é o processo legítimo de obtenção de conclusões a partir de proposições consideradas como premissas, como exemplificam os dois seguintes argumentos:

1) *Modus Ponens*

se p então q (premissa)
p (premissa)
---
q (conclusão)

2) *Modus Tollens*

se p então q (premissa)
~ q (premissa)

~ p (conclusão)

Pelas restrições impostas às sentenças sobre as quais se debruça, a lógica clássica não dá conta das inúmeras experiências humanas que não podem ser traduzidas em sentenças classificáveis, exclusivamente, em verdadeiras ou falsas, mostrando-se insuficiente na representação dos vários tipos de argumentos informais. No dia a dia, na linguagem natural, lidamos com imprecisões, com os infinitos graus de incerteza que existem entre a certeza de *ser* e a certeza de *não ser*. Citando Newton da Costa (1993, p. 21-22):

> [...] se uma pessoa quisesse fazer apenas inferências válidas em seu dia a dia, provavelmente não sobreviveria muito tempo. [...] Não haveria ciência empírica se os cientistas procurassem empregar unicamente formas válidas de inferências.

Nosso objetivo, neste ponto, é passear um pouco por outras lógicas – as lógicas *não clássicas*, que, ao estenderem a lógica formal, ou se contraporem a ela, oferecem ferramentas adicionais à análise do discurso e do pensamento humanos.

Lógicas não clássicas

As lógicas não clássicas classificam-se, *grosso modo*, em:

Extensões da lógica clássica, por incorporarem mais recursos expressivos:

- Lógicas temporais – consideram o fator tempo na atribuição de valor verdade a uma afirmação e na validação de um argumento.
- Lógicas modais – incorporam operadores que modulam, ou matizam a verdade ou a falsidade, representando as ideias de possibilidade e de necessidade.

Alternativas à lógica clássica, por rejeitarem algum de seus princípios:

- Lógicas trivalentes – contemplam três valores de verdade: o verdadeiro, o falso e o que não é nem verdadeiro, nem falso, por ser desconhecido ou incerto.
- Lógicas polivalentes – são, fundamentalmente, lógicas probabilísticas, em que os diversos valores de verdade não se reduzem

ao conjunto binário {0,1}, mas situam-se no intervalo [0,1]. Nessa classe, destacam-se as lógicas *fuzzy* e indutiva.

- Lógicas paraconsistentes - negam o princípio da não contradição, aceitando que uma proposição possa ser e não ser, simultaneamente, verdadeira.

Ao final, discutiremos um pouco o problema dos chamados *paradoxos da implicação material* na lógica formal - alvo de muitas críticas e, por isso, especialmente responsável pela busca de novos aparatos lógicos – e as abordagens de algumas das lógicas alternativas, na tentativa de resolvê-lo.

Lógicas temporais

São lógicas que tentam recuperar o papel do tempo verbal para a verificação da validade ou não dos argumentos informais. São estudos recentes, da década de 1960, para cá, nos quais se destacam as propostas de dois autores, o filósofo americano Willard V. O. Quine (1908-2000) e o neozelandês Arthur N. Prior (1914-1969), este último, considerado o fundador da lógica temporal.

Quine propõe que o discurso temporal seja representado dentro do aparato clássico; na verdade, ele elimina o tempo verbal. Para isso, propôs a reescrita dos argumentos informais em simbolismo formal, por meio de uma variável "t", que varia entre épocas. Uma época é uma parcela do espaço-tempo, de qualquer duração - uma "fatia" de um mundo quadridimensional, e dois acontecimentos são considerados idênticos se e somente se possuem a mesma localização no espaço e no tempo. Além disso, usa verbos "sem tempo", escritos no presente do indicativo. Por exemplo:

Sentença informal	Simbolismo formal
Paulo casou com Ana.	(∃t) (t é antes de agora e Paulo em t *casa* com Ana em t)
Paulo vai casar com Ana.	(∃t) (t é depois de agora e Paulo em t *casa* com Ana em t)

Prior, em 1968, formulou uma lógica temporal para a linguagem natural. Para sistematizar a representação de variação verbal e a atribuição de valor de verdade às sentenças, criou operadores temporais, que possibilitam a reescrita de uma sentença no presente do indicativo numa do futuro do indicativo (operador F) ou numa do pretérito (operador P). Por exemplo,

q: Paulo está casando com Ana.
Pq: Paulo casou com Ana.
Fq: Paulo casará com Ana.
FPq: Paulo terá casado com Ana.

Pela sistematização proposta, a lógica de Prior é aplicada em sistemas computacionais, no tratamento de dados que envolvam tempos verbais.

Lógicas modais

Um *modal* é uma expressão ("necessariamente", "possivelmente") que é usada para qualificar a verdade de um julgamento. Uma lógica modal estuda o comportamento dedutivo das expressões "é necessário que" e "é possível que", isto é, preocupa-se com as noções de *necessidade* e de *possibilidade*. Ela se utiliza dos seguintes operadores básicos:

operador	representação simbólica
é possível que	◊
não é possível que (é impossível que)	~◊
é necessário que	€
não é necessário que (é contingente que)	~€

Sobre a questão da necessidade e da contingência, as palavras de Haack podem ser esclarecedoras:

> Há uma longa tradição filosófica de distinguir entre verdades necessárias e verdades contingentes. A discussão é frequentemente explicada da seguinte maneira: uma verdade necessária é uma verdade que não poderia ser de outra forma, uma verdade contingente, uma que poderia; ou, a negação de uma verdade necessária é impossível ou contraditória, a negação de uma verdade contingente é possível ou consistente; ou, uma verdade necessária é verdadeira em todos os mundos possíveis, uma verdade contingente é verdadeira no mundo real, mas não em todos os mundos possíveis (Haack, 1998, p. 229).

Em sua obra original, fundadora da Lógica Clássica, *Organon*, Aristóteles já tratava, de modo incipiente, de noções modais, como "necessário", "possível", "contingente", "impossível". Nos *Primeiros analíticos*, podemos acompanhar sua preocupação com esses conceitos:

> Temos que dizer primeiro que se quando A é, é necessário que B seja, então se A é possível é também necessário que B seja possível.

E explica:

> Porque suponhamos que aquilo a que chamamos A é possível, e que aquilo a que chamamos B é impossível. Se então o possível, uma vez que é possível, passasse a ser, e o impossível, uma vez que é impossível, não chegasse a ser, então seria possível para A vir a ser sem B; [...] (*apud* Kneale & Kneale, 1980, p. 93).

O surgimento do primeiro sistema de lógica modal, contudo, é atribuído a Lewis, na obra *A survey of symbolic logic*, em 1918.

Uma lógica modal resulta do acréscimo, aos princípios da lógica proposicional, de regras como, por exemplo, a regra da necessidade: "Se A é verdadeiro, então A é necessário."

Os cálculos da lógica modal permitem obter teoremas como os seguintes:

€A « ~◊~A ("ser necessário" equivale a "é impossível não ocorrer")

◊A « ~€~A ("ser possível" equivale a "é contingente não ocorrer")

~€ A « ◊~A ("ser contingente" equivale a "é possível não ocorrer")

~◊A « €~A ("ser impossível" equivale a "é necessário não ocorrer")

Lógicas trivalentes

Em 1920, Jan Lukasiewicz concebeu a ideia de usar um sistema de lógica trivalente para dar conta de afirmações a respeito do futuro (os chamados *futuros* contingentes, *de Aristóteles*). A explicação de seu sistema é dada pela seguinte situação-exemplo:

> Eu posso supor sem contradição que a minha presença em Varsóvia num certo momento do tempo, por exemplo, ao meio-dia do

> dia 21 de dezembro, no momento presente ainda não está decidida positiva ou negativamente. É por isso possível mas não necessário que eu esteja presente em Varsóvia na altura referida. Nesta suposição a afirmação "Estarei presente em Varsóvia ao meio-dia do dia 21 de dezembro do próximo ano" não é verdadeira nem falsa no momento presente. Porque se fosse verdadeira no momento presente a minha futura presença em Varsóvia teria que ser necessária, o que contradiz a suposição e se fosse falsa no momento presente, a minha presença futura em Varsóvia seria impossível, o que de novo contradiz a suposição. A frase declarativa sob consideração não é, no momento presente, nem verdadeira nem falsa e tem que ter um terceiro valor, diferente de 0, ou falso, e de 1, ou verdadeiro. Podemos indicá-lo por "1/2", isto é, "o possível" que fará um terceiro valor juntamente com "o falso" e "o verdadeiro". É esta linha de pensamento que dá origem a um sistema de três valores de lógica proposicional (Lukasiewicz, *apud* Kneale & Kneale, 1980).

Os conectivos lógicos são definidos de modo a coincidirem com seus valores na lógica bivalente. Por exemplo, quanto à negação, temos

p	~p
1	0
1/2	1/2
0	1

Lógicas polivalentes

São extensões da lógica trivalente, com uma quantidade qualquer de valores lógicos, finita ou não, maior ou igual a 3. Trata-se de lógicas que lidam com as aproximações probabilísticas.

Lógica fuzzy[1] (ou difusa, ou ainda, nebulosa)

Estruturada em 1965, por Lotfi A. Zadeh, da Universidade da Califórnia, a lógica fuzzy permite representar valores lógicos intermediários

[1] *Fuzzy*, em inglês, significa incerto, duvidoso, nebuloso.

entre Verdadeiro e Falso, possibilitando o tratamento de atributos imprecisos, como altura (alto, baixo, médio), velocidade (rápido, lento, normal), tamanho (pequeno, médio, grande, extragrande), quantidade (muito, razoável, pouco) etc. Ela combina lógica polivalente, teoria das probabilidades, inteligência artificial e redes neuronais[2], visando a representar o modo humano de pensar e se expressar.

A lógica fuzzy se fundamenta na existência de conjuntos, chamados conjuntos *nebulosos*. Na teoria clássica dos conjuntos, um dado elemento do universo considerado *pertence ou não pertence* a um referido conjunto, não havendo dúvidas quanto a qual das situações ocorre. Já na teoria dos conjuntos nebulosos, existe um grau de pertinência de cada elemento a um determinado conjunto. Por exemplo, com que grau de precisão podemos afirmar que uma determinada pessoa pertence ou não ao conjunto "das pessoas altas"? O número de conjuntos intermediários entre pessoas altas e pessoas baixas indica o grau de precisão com que lidamos com a variável altura.

Vamos especificar um pouco mais em outro exemplo similar: considerando a variável "tamanho", podemos considerar 3 conjuntos (o conjunto das "coisas" pequenas, das médias e das grandes), ou, com um maior grau de precisão, 5 conjuntos (muito pequenas, pequenas, médias, grandes, muito grandes). Para classificar algo, quanto à variável tamanho, estabelecemos graus de associação a cada conjunto considerado. Por exemplo, poderíamos classificar uma casa, quanto ao seu tamanho, como sendo 0,7 grande, 0,3 média e 0,0 pequena. Assim, na lógica fuzzy, o grau de pertinência de um elemento a determinado conjunto pode ser associado a um valor qualquer, no intervalo [0, 1]; os valores extremos 0 e 1 podem ser considerados os casos-limite, correspondentes à situação clássica, em que apenas existiam dois valores possíveis, o verdadeiro e o falso.

Os valores-verdade da lógica fuzzy costumam ser expressos linguisticamente (quente, muito frio, perto, longe etc.). Essa lógica possui modificadores de predicado (muito, mais ou menos, pouco, bastante etc.) e quantificadores (poucos, vários, em torno de, cerca de

[2] A expressão *redes neuronais* está associada à forma típica de associação entre os neurônios no ser humano; é frequente o uso, com o mesmo significado, da expressão *redes neurais*.

etc.). Além disso, ela faz uso de expressões linguísticas para traduzir probabilidades (provável, improvável etc.), que são interpretadas como números fuzzy e manipuladas aritmeticamente.

Sistemas baseados na lógica fuzzy vêm sendo adotados concretamente, no desenvolvimento de artefatos tecnológicos, principalmente pelos japoneses, na confecção de aspiradores de pó, máquinas fotográficas e de lavar roupa, e aparelhos de ar condicionado, assim como em sistemas de controle ópticos, de elevadores, de aterrissagem de naves espaciais, entre outros.

Lógicas indutivas

Segundo dicionários, a acepção mais frequente da palavra *indução* é o raciocínio por meio do qual, partindo-se de fatos particulares, pode-se obter uma conclusão geral. Em um raciocínio indutivo, portanto, a conclusão *não é necessária*, dadas as premissas; sua verdade não decorre necessariamente da verdade das premissas, mas se relaciona com ela por meio da noção de probabilidade. Em tais situações, o que interessa – e é possível estabelecer – é certa probabilidade de ocorrência para a conclusão, que corresponde à probabilidade indutiva do argumento.

Um exemplo de um silogismo indutivo, ou estatístico, é o seguinte:

90% dos estudantes de informática são criativos
José é estudante de informática.
Logo, há 90% de chance de José ser criativo.

Lógicas paraconsistentes

Como já foi visto anteriormente, uma expectativa inerente aos sistemas lógicos é a da consistência, ou seja, a da inexistência de contradições. Se for possível a determinada proposição ser, ao mesmo tempo, verdadeira e falsa, então o sistema torna-se inconsistente, e do ponto de vista clássico, totalmente desinteressante, uma vez que tudo nele pode ser demonstrado.

Na vida, no entanto, convivemos com proposições que podem ser verdadeiras ou falsas, dependendo das circunstâncias, e muitas vezes elas parecem constituir contradições lógicas. Um exemplo clássico é a natureza da luz, considerada ora uma onda eletromagnética, ora uma espécie de pacote de energia, um fóton, uma partícula. Existem classes de fenômenos em que as duas hipóteses convivem e a aparência é a de uma real contradição. Também nos bancos de dados que alimentam sistemas de informação, é cada vez mais comum a convivência de informações contraditórias, sem que, com isso, todo o sistema desmorone. Como lidar com tais ocorrências?

No início da década de 1960, o matemático brasileiro Newton da Costa elaborou formalmente um sistema lógico que, segundo ele, teria instrumentos para incorporar as contradições, sem trivializar-se, no sentido de que qualquer proposição pudesse ser demonstrada, em razão da inconsistência. Tais sistemas foram chamados de paraconsistentes, ou seja, pretendiam-se situar além da consistência, de certo modo à semelhança de Nietzsche, que tentou ir até os fundamentos da moral, transcendendo as ideias de bem e de mal. Alguns outros matemáticos dedicaram-se à tentativa de construção de sistemas paraconsistentes.

Entre os pensadores que se debruçaram sobre o problema da contradição, destacam-se Lukasiewicz (1910-1971), que afirmava que Aristóteles já havia examinado a possibilidade de abandonar a lei da não contradição; N. Vasiliev, que, entre 1910 e 1913, publicou uma série de artigos que já delineavam uma lógica paraconsistente; e Jaskowski que, em meados de 1949, propôs um sistema lógico, ainda não axiomatizado, que incorporava a contradição. Essa trilha foi seguida por Newton da Costa que, em 1963, apresentou um sistema formal que é reconhecido internacionalmente como a primeira formulação de uma lógica paraconsistente.

Para tentar compreender, ainda que de modo extremamente incipiente, a arquitetura da proposta da lógica paraconsistente, recordemos ou reiteremos fatos já anteriormente referidos, no âmbito da lógica aristotélica.

A implicação "se A, então B" (ou "se x está em A, então x está em B", que corresponde à asserção de que o conjunto A está contido no conjunto B) pode ser interpretada como logicamente equivalente a uma proposição categórica do tipo universal afirmativa: "todo A é B", como ilustra a figura a seguir:

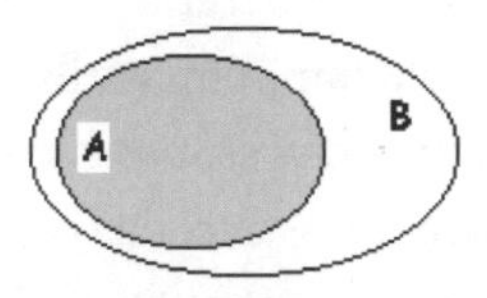

Consideremos, agora, a proposição composta A: (p ∧ ~p), para alguma proposição p. Claramente, A é uma contradição; logo, no universo da lógica clássica, o conjunto das proposições p, que tornam a proposição A verdadeira, é vazio. Ora, o conjunto vazio está contido em qualquer conjunto B. Essa situação equivale à implicação "se (p ∧ ~p) então q", *para toda proposição q* !!! Diz-se, então, que, a partir de uma contradição, podemos chegar, *validamente*, a qualquer conclusão. Se um sistema lógico clássico contiver uma contradição, ele se torna, então, trivial, ou seja, toda proposição pode ser demonstrada.

O problema enfrentado pela lógica paraconsistente foi o de incorporar uma contradição sem se trivializar. Para isso, a negação do princípio da contradição deve ser de alguma forma controlada, de modo a permitir regras de inferência coerentes, sem se deixar contaminar pela contradição e, em consequência, se trivializar. Os criadores e/ou seguidores das lógicas paraconsistentes (hoje, existem várias formulações do sistema inicialmente proposto) proclamam ter conseguido produzir um cálculo lógico, uma fábrica de inferências coerentes importantes para a vida e a linguagem ordinária, incorporando efetivamente as contradições com as quais somos levados a conviver. Os críticos da lógica paraconsistente garantem que a sofisticada construção formal apenas "encapsula" as eventuais contradições, isolando-as e não permitindo que contaminem todo o sistema, mas não operando com elas efetivamente. De modo geral, o debate é travado em uma linguagem técnica que não faz qualquer concessão a não iniciados, sendo muito difícil a um leigo posicionar-se de modo nítido. Até onde é possível a um leigo imiscuir-se em tais questões, consideramos que a balança ainda pende para o lado dos críticos.

Uma das aplicações pretendidas pela lógica paraconsistente é permitir a um computador operar com base em dados contraditórios, detectando e "isolando" as inconsistências advindas de erros humanos ou de múltiplas – e às vezes, incoerentes – fontes de informações. A lógica paraconsistente pode também auxiliar a robótica, no sentido de fazer os robôs tomarem decisões, por meio de sequências lógicas, que se aproximem o máximo possível das características das decisões humanas, que são muito mais complexas do que pode imaginar a dicotomia, às vezes simplória, do verdadeiro ou falso.

Sobre a implicação material

A chamada implicação material da Lógica Clássica tem sofrido sérios ataques por parte dos estudiosos. Como já citado anteriormente, a lógica clássica somente lida com proposições, que são sentenças declarativas, obrigatoriamente verdadeiras ou falsas, não podendo ser as duas coisas simultaneamente. As proposições simples podem se conectar formando proposições compostas. A proposição composta pelo conectivo *condicional* (chamada *implicação material*), representada por $p \Rightarrow q$ (lê-se: "se p então q") somente assume o valor lógico falso quando se tem o antecedente (p) verdadeiro e o consequente (q) falso. Daí podemos concluir – e é essa conclusão que incomoda sobremaneira os estudiosos de lógica – que uma proposição falsa implica materialmente qualquer proposição e uma proposição verdadeira é implicada materialmente por qualquer proposição. Adicionalmente, podemos provar que a proposição $(p \Rightarrow q) \vee (q \Rightarrow p)$ ("p implica q ou q implica p") é verdadeira, não importando se as proposições p e q são verdadeiras ou falsas[3], o que levou Lewis a comentar que "se se tomam quaisquer duas sentenças ao acaso, de um jornal, ou a primeira vai implicar a segunda, ou a segunda, implicar a primeira" (Haack, 1998, p. 68).

Para evitar esse *paradoxo da implicação material*, Lewis, no âmbito da lógica modal, define uma *implicação estrita*, que só é verdadeira no caso em que o consequente é verdadeiro em todos os mundos possíveis nos quais o antecedente é verdadeiro. Infelizmente,

[3] Já vimos que uma proposição composta que é sempre verdadeira, independentemente dos valores lógicos das proposições simples que a constituem é chamada uma *tautologia*.

essa nova implicação também apresenta paradoxos, pois dela deriva que uma proposição impossível implica estritamente qualquer proposição e uma proposição necessária é implicada estritamente por qualquer proposição.

A tentativa de resolver o problema da implicação, evitando os paradoxos dela decorrentes, conduziu a uma outra lógica – a Lógica da relevância – na qual se propõe um condicional ainda mais estrito, que requer uma relação de relevância entre o antecedente e o consequente.

Para concluir, como ficamos?

As extensões da Lógica Formal buscam aprimorar a representação do raciocínio humano, não se resignando às limitações impostas pelas pressuposições aristotélicas. Cada uma delas procura preencher uma lacuna do formalismo clássico em algum sentido: temporalidade, modalidade, dicotomias rígidas, entre outras. Sem dúvida, em cada um dos casos, algum avanço é obtido, mas o fato é que quanto mais se pensa em avançar na empreitada, mais lacunas aparecem. A formalização completa do raciocínio humano, de Aristóteles a Boole, de Eüler a Venn, de Lukasiewicz a Da Costa permanece inatingida.

Tomar consciência das inúmeras nuances da linguagem natural pode nos ajudar a identificar argumentos falhos ou tendenciosos, a evitar equívocos ou mal-entendidos, mas nunca reduzirá a comunicação humana aos limites de uma linguagem de programação de computadores. Mesmo em tais linguagens, em tempos recentes, a ocorrência cada vez mais frequente de "vírus", que se encaixam em brechas de procedimentos estritamente lógicos e remetem a operações não prefiguradas pelo programador original, parece um indício enfático da impossibilidade de uma perfeita algoritmização da própria linguagem de programação. No caso da linguagem humana, torná-la assepticamente desprovida de ambiguidades parece uma quimera. Tal pretensão de depuração é como se fosse uma utopia, que mais se afasta de nós quanto mais caminhamos em direção a ela. No entanto, bem frisou Eduardo Galeano, não parece que tenhamos que nos preocupar muito com isso: essa parece ser, de fato, a função das utopias, a de nos fazer caminhar...

Na comunicação no dia a dia, ou nos mistérios da poesia, o duplo sentido, a redundância e a contradição podem constituir interessantes recursos de expressividade e harmonia. E não parece razoável alguém acusar de "incoerente" o poeta quando escreve:

> Não existo senão para saber
> Que não existo, e, como a recordar
> Vejo boiar a inércia do meu ser
> No meu ser sem inércia, inútil mar.
>
> (*Fernando Pessoa*)

Capítulo V

Exercícios gerais de raciocínio lógico

1. Desapareceu um livro de Lógica em japonês da estante do professor Ciro Gismo Tanakara. Após exaustivas investigações, 5 suspeitos são detidos para interrogatório (Aristóteles, Sócrates, Platão, Descartes e Euclides). Cada um deles faz 3 declarações, sendo 2 verdadeiras e 1 falsa. Seus depoimentos são:

Aristóteles: Não fui eu.
Nunca me interessei por lógica.
Quem roubou o livro foi Descartes.

Sócrates: Não fui eu.
Não entendo japonês.
Todos os envolvidos alegam inocência.

Platão: Sou inocente.
Descartes é o culpado.
Nunca vi Euclides antes de hoje.

Descartes: Sou inocente.
Euclides é o ladrão.
Aristóteles mentiu, ao me acusar.

Euclides: Não fui eu.
Sócrates é o culpado.
Platão e eu somos velhos amigos.

Quem roubou o livro?

2. Um banco foi assaltado por um homem solitário, em Recife, às 2 da manhã de 24 de junho de 1970. O assaltante fugiu em uma kombi.

Pedro, Tião, Severino, Bento e Chico foram detidos uma semana depois, e interrogados. Cada uma das 5 pessoas fez 4 declarações, 3 das quais eram verdadeiras e uma falsa. Um desses homens assaltou o banco. Quem foi? Suas declarações foram:

Pedro: Eu estava em Olinda, na hora do assalto.
Nunca roubei coisa alguma.
Chico é o culpado.
Bento e eu somos amigos.

Tião: Não assaltei o banco.
Nunca possuí uma kombi.
Chico me conhece.
Eu estava em Caruaru na noite de 23 de junho.

Severino: Tião mentiu, quando disse que nunca possuiu uma kombi.
O crime foi cometido no dia de S. João.
Pedro estava em Olinda nessa ocasião.
Um de nós é o culpado.

Bento: Não assaltei banco algum.
Chico nunca esteve em Recife.
Nunca vi Pedro antes.
Tião estava comigo em Caruaru na noite de 23 de junho.

Chico: Não assaltei o banco.
Nunca estive em Recife.
Nunca vi Tião antes.
Pedro mentiu, quando disse que sou o culpado.

3. Para o próximo final de semana, o serviço de meteorologia prevê que há 50% de chances de chover no sábado e há também 50% de chances de chover no domingo. A partir dessas informações, podemos concluir que há:

a) 100% de chances de chover no sábado e no domingo.

b) 100% de chances de chover nesse final de semana (sábado ou domingo)

c) 50% de chances de chover nesse final de semana

d) 25% de chances de não chover nesse final de semana

4. O argumento que se segue foi extraído do livro *As aventuras de Huckleberry Finn*, de Mark Twain. Nele, o personagem Huck Finn afirma:

"Jim disse que as abelhas não picariam idiotas; mas eu não acreditei nisso, porque eu mesmo já tentei muitas vezes e elas não me picaram."

Analisando o argumento, podemos dizer que:

a) Uma premissa implícita é que Huck Finn é idiota.

b) Uma premissa implícita é que Huck Finn não é idiota.

c) A conclusão do argumento é que Jim é idiota.

d) A conclusão do argumento é que Huck Finn é inteligente.

5. Certo dia, uma cigana afirmou ao Sr. Creumildo:

"É provável que o Sr. ganhe na Loteria, algum dia; se isto acontecer, será com um bilhete com final igual a 463".

A partir desse dia, o Sr. Creumildo passou a interessar-se apenas por bilhetes com final 463, comprando-os cada vez que os encontrasse. Passados alguns anos, o Sr. Creumildo ganhou na Loteria com o bilhete 21463. Podemos afirmar que:

a) Se o Sr. Creumildo nunca tivesse ganhado na Loteria, isto provaria que a cigana estava errada.

b) A afirmação não seria contraditada se o Sr. Creumildo ganhasse na Loteria com um número que terminasse em 773.

c) Se o Sr. Creumildo somente comprasse bilhetes com final 463, nunca seria possível contradizer a previsão da cigana.

d) Nada se pode concluir.

6. O Sr K. Paz é um encarregado da seção de correspondência de determinada firma. Certo dia, diante da correspondência a ser remetida, ele transmitiu a um auxiliar a seguinte ordem, antes de sair para tomar um cafezinho:

"Se um envelope tiver o carimbo IMPRESSOS na frente, então ele não deverá ser lacrado."

Ao retornar, o Sr. K. Paz encontrou sobre sua mesa quatro envelopes, dispostos da seguinte maneira:

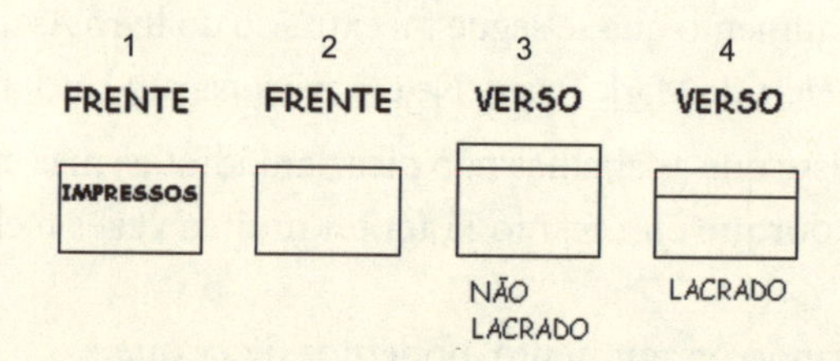

Que envelopes o Sr. K. Paz PRECISA NECESSARIAMENTE virar do outro lado para verificar se sua ordem foi cumprida?

a) Todos os envelopes.

b) Somente o primeiro envelope.

c) O primeiro e o terceiro envelopes.

d) O primeiro e o quarto envelopes.

7. Em seus "Discursos", EPICTETO (séc. I d.C.) apresenta o seguinte argumento:

"É ilógico raciocinar assim:

- Sou mais rico do que tu, portanto, sou superior a ti.
- Sou mais eloquente do que tu, portanto, sou superior a ti.

É mais lógico raciocinar:

- Sou mais rico do que tu, portanto, minha propriedade é superior à tua.
- Sou mais eloquente do que tu, portanto, meu discurso é superior ao teu.

As pessoas são algo mais do que propriedade ou fala."

Podemos afirmar que:

a) A conclusão do argumento de EPICTETO é que "as pessoas são algo mais do que propriedade ou fala."

b) A conclusão do argumento de EPICTETO é que "se sou mais rico do que tu, então sou superior a ti."

c) Uma premissa do argumento de EPICTETO é que "as pessoas são algo mais do que propriedade ou fala."

d) Nenhuma das respostas anteriores.

8. O verbo SER é utilizado, na linguagem corrente, em proposições que, quando traduzidas para uma linguagem simbólica, ou através de diagramas, apresentam, pelo menos, três significados:

IGUALDADE	$a = b$, $A = B$
PERTINÊNCIA	$a \in A$
INCLUSÃO	$A \subset B$

Observe isso nas proposições seguintes:
"Meu carro é o de placa BOU 8459." (IGUALDADE)
"Meu carro é pequeno." (PERTINÊNCIA)
"Carro pequeno é econômico." (INCLUSÃO)

Identifique, nas proposições a seguir, o significado do verbo SER, fazendo cada uma corresponder a uma IGUALDADE, uma PERTINÊNCIA ou uma INCLUSÃO:

1. Clark Kent é o Super-Homem.
2. O Super-Homem é bom.
3. Um super-herói é muito querido.
4. O assassino é o mordomo.
5. Um assassino é uma pessoa perigosa.
6. T. Rível é um assassino.
7. Ela é pretensiosa.
8. Ela é a mãe do Alberto Roberto.
9. Uma pessoa pretensiosa é desagradável.

9. O texto seguinte foi extraído da Revista *VEJA*, n. 1844, de 10/3/2004, p. 74.

ÁGUA EM MARTE. O QUE ISSO TEM A VER COM A VIDA?
Por mais de um século, os astrônomos especularam se Marte teria água. Na semana passada, uma pequena nave robótica enviada pelos Estados Unidos, a *Opportunity*, transmitiu a resposta em forma de fotos da superfície marciana: bolhas e ranhuras microscópicas claramente visíveis em algumas pedras demonstram que elas já estiveram submersas em água. Se foi assim, é possível que tenha existido vida no planeta vermelho. A suposição baseia-se num fato científico: água líquida é a única substância vital para a existência dos seres vivos na forma como os conhecemos. [...] Não se tem informação de que a vida possa surgir em outro meio.

a) Qual a conclusão do argumento acima esboçado?
b) Quais as premissas?

10. Texto extraído da *Folha de S.Paulo* de 28/3/83.

Apertos em Nova York - É mais do que louvável, e deve ser repetida, a ida de ministros de Estado ao Legislativo. Explicar suas políticas e debater com os congressistas. O ministro Galvêas foi e [...] tentou convencer os congressistas do acerto, ou pelo menos da inevitabilidade da atual política econômica do governo. [...]

Nem bem o ministro disse que a casa está ficando em ordem, quando fontes ligadas aos bancos estrangeiros nossos credores informam, por exemplo, que nos últimos dez dias o Banco do Brasil em Nova York acumulou dívidas vencidas no valor de cerca de 500 milhões de dólares: dívidas comerciais e financeiras. [...]

Daí a atitude do senador Saturnino Braga, ao dizer francamente que não acreditava nos discursos oficiais das autoridades monetárias do País; num ponto, no entanto, o ministro Ernane Galvêas foi didaticamente esclarecedor. Quando disse: "Quem tem crédito, não pede moratória." Quer dizer, quem não tem, pede.

Joaquim Falcão

A declaração do Ministro ("Os países que têm crédito não pedem moratória") é interpretada pelo jornal como sendo "Quem não tem crédito pede moratória."

É válida esta interpretação, de um ponto de vista lógico? Explique.

11. Examine o texto a seguir, identificando um entimema no mesmo:

Vida em Marte – Um cientista americano acredita que se ficar provado, finalmente, que existe vida em Marte, suas origens podem ser mais próximas de nós do que se pensa. "Acredito que haja vida em Marte e nós a mandamos para lá", disse Andrew Schuerger na revista *New Scientist* de ontem. O pesquisador, que é da Universidade da Flórida, afirmou que há grande possibilidade de os micróbios da Terra terem ido de carona para Marte nas sondas espaciais (*O Estado de S. Paulo*, 25/03/04). Qual a premissa implícita no argumento?

12. Texto extraído de *O Estado de S. Paulo*, de 14 de abril de 2004.

Mulher estuda mais, mas ganha menos

RIO – Quanto mais estuda, menos a mulher ganha em comparação com os homens. Um levantamento inédito do IBGE, com base no rendimento por hora, mostra que as mulheres com até quatro anos de estudo ganham R$0,40 a menos do que os homens. A diferença aumenta 14 vezes – para R$5,40 por hora – quando o tempo de estudo sobe para 12 anos ou mais, ou seja, desde o início do ensino superior.

Pela primeira vez o IBGE calculou o rendimento médio por hora. O valor médio no País foi de R$3,90, segundo dados de 2002. Na média, as mulheres ocupadas têm um ano a mais de estudo que os homens, mas recebem cerca de 70% da renda masculina.

No caso dos homens, o valor médio recebido pela população ocupada sobe para R$4,20 por hora, valor que cai para R$3,60 entre as mulheres. Com 12 ou mais anos de estudo, eles passam a receber R$14,50 por hora e elas avançam apenas para R$9,10.

Os dados divulgados pela Síntese dos Indicadores Sociais registram que a desigualdade de rendimentos entre os sexos tem "um componente discriminatório". Essa diferença encolhe quando o universo analisado tem menor escolaridade: homens com até quatro anos de estudo ganham R$2,10 por hora; mulheres, R$1,70.

Sem levar em conta o sexo do trabalhador, a escolaridade faz o rendimento por hora do brasileiro subir seis vezes: de R$2,00 (até quatro anos de escolaridade) para R$11,70 (mais de doze anos). (N.B.J.)

Quais das conclusões a seguir, você pode extrair do texto?

a) Quanto menos a mulher estuda, maior é o seu salário.

b) Maior escolaridade possibilita maior salário, para ambos os sexos.

c) A escolaridade faz aumentar o rendimento do homem e diminuir o da mulher.

d) A discriminação da mulher aumenta com o aumento de sua escolarização.

13. Reescreva as afirmações seguintes, evitando a dupla negação:

a) Não sei de nada.

b) Não tenho nada a declarar.

c) Não era ninguém.

d) Ninguém faz nada.

e) Não bebi nada.

14. Para Maria ser aprovada, terá que ter nota final superior ou igual a 5 e frequência superior ou igual a 75%.

a) Se ela não for aprovada, o que poderemos concluir?

b) A nota final de Maria foi 4,5 e ela frequentou 80% das aulas. Maria foi aprovada?

15. A Meteorologia previu chuva *ou* frio para hoje. Ela acertou! O que podemos afirmar sobre o tempo lá fora?

16. A Meteorologia previu chuva *ou* frio para hoje. Ela errou... O que podemos afirmar sobre o tempo lá fora?

17. A Meteorologia previu chuva *e* frio para hoje. Ela errou... O que podemos afirmar sobre o tempo lá fora?

18. As afirmações que se seguem equivalem a implicações. Identifique aquelas que têm o sentido de uma equivalência:

a) Todas as estrelas brilham no céu.

b) Todos os números pares são divisíveis por 2.

c) Todos os seres humanos são mortais.

19. Paulo é uma pessoa de palavra e afirmou: “se eu for aprovado no concurso para o emprego, voltarei a estudar”. O que se pode concluir, caso:

a) Paulo venha a ser aprovado no concurso.

b) Paulo não volte a estudar.

c) Paulo venha a ser reprovado no concurso.

d) Paulo volte a estudar.

20. O Sr. Q. Fria está preso numa sala, onde há duas portas: uma conduz à liberdade, a outra, à condenação eterna. Há também dois guardas gêmeos nessa sala, sendo que um deles só fala a verdade, enquanto que o outro só fala mentira. O Sr. Q. Fria não sabe qual fala a verdade e qual o que é mentiroso e poderá fazer uma única pergunta, a um dos guardas, para tentar sair pela porta certa. Que pergunta ele deverá fazer?

21. Um forasteiro se desentendeu com o Rei de um país e foi condenado à morte. O Rei decidiu dar ao prisioneiro a chance de escolher o modo de morrer: ele deveria falar uma sentença declarativa; se a sentença fosse verdadeira, morreria fuzilado; se fosse falsa, morreria enforcado. Acontece que o nosso forasteiro apreciava Lógica e conseguiu pôr o Rei em tal situação que teve que libertá-lo. Qual foi a frase salvadora?

22. Considere, em cada item a seguir, as premissas de um silogismo. Caso seja possível, determine, entre as afirmativas a, b, c, d, qual é a conclusão desse silogismo.

1. Todo indivíduo bem-intencionado é mal compreendido.
   Todo puro é bem-intencionado.
2. Todo indivíduo bem-intencionado é mal compreendido.
   Todo indivíduo bem-intencionado é puro.
3. Alguns indivíduos bem-intencionados são mal compreendidos.
   Todo indivíduo bem-intencionado é puro.
4. Todo indivíduo bem-intencionado é mal compreendido.
   Alguns indivíduos bem-intencionados não são puros.

a) Todo puro é mal compreendido.
b) Nenhum puro é mal compreendido.
c) Alguns puros não são mal compreendidos.
d) Alguns puros são mal compreendidos.

23. Em uma ilha só existem habitantes de duas espécies: os veros, que só dizem a verdade, e os faros, que só dizem mentira. Três habitantes da ilha estão reunidos; estes são *A*, *B* e *C*. Um estrangeiro, recém-chegado à ilha, sabendo da existência das duas espécies, aos três se dirige.

Aproxima-se de A e pergunta:

- O senhor é um vero ou um faro?

A responde-lhe, malcriadamente, sem que o estrangeiro pudesse entendê-lo.

Dirige-se a B e pergunta:

- O que foi que A disse?

B responde:

- Ele disse que é um faro.

Nesse momento *C* intervém e diz:

- Não creia em *B* : ele mente.

O que o estrangeiro pôde concluir sobre as espécies dos três habitantes?

Respostas e soluções

1. Sócrates é o ladrão procurado. Uma maneira de se chegar a essa conclusão é a seguinte argumentação:

Inicialmente, notemos que as declarações "Quem roubou o livro foi Descartes", de Aristóteles, e "Descartes é o culpado", de Platão, são logicamente equivalentes. Logo, são ambas verdadeiras ou ambas falsas. Se fossem verdadeiras, então a declaração "Sou inocente", de Descartes, seria falsa. Como cada depoimento só inclui uma resposta falsa, seria verdadeira a afirmação "Euclides é o ladrão", o que levaria a dois culpados. Logo, as afirmações destacadas no início são ambas falsas. Em consequência, as demais respostas de Aristóteles e de Platão são verdadeiras. Mas Platão declara: "Nunca vi Euclides antes de hoje", o que implica ser falsa a declaração de Euclides: "Platão e eu somos velhos amigos". Então suas duas outras declarações são verdadeiras, e entre elas está a decisiva: "Sócrates é o culpado".

2. Tião é o culpado. O raciocínio empregado na solução deste exercício é análogo ao do anterior.

3. Como, tanto no sábado como no domingo, só há duas possibilidades (chover/não chover), ambas com a mesma probabilidade de ocorrência, podemos construir a seguinte tabela:

sábado	domingo	final de semana	probabilidade de ocorrer
chover	chover	chover	25%
chover	não chover	chover	25%
não chover	chover	chover	25%
não chover	não chover	não chover	25%

(Logo, a alternativa correta é a *d.*)

4. Alternativa correta: b). Huck Finn interpretou a implicação "se são idiotas, então as abelhas não picam "como sendo uma equivalência, o que levaria a "se não são idiotas, então as abelhas picam".

5. Letra c. Para contradizer a cigana, o Sr. Creumildo teria que ganhar com um bilhete de final diferente de 463, o que se tornou impossível, visto que ele se restringiu a comprar bilhetes com esse final.

6. O Sr. K.Paz terá que verificar apenas o primeiro e o quarto envelopes: o primeiro porque está com o carimbo IMPRESSO (e não poderá ser lacrado) e o quarto porque está lacrado (e não deverá ter o carimbo IMPRESSO). O envelope 2 não precisa ser verificado porque, não contendo o carimbo IMPRESSO, não foi submetido a nenhuma restrição (pode estar, ou não, lacrado). O terceiro envelope não está lacrado, logo, se tiver o carimbo IMPRESSO, a ordem foi cumprida e, se não tiver, não havia qualquer restrição sobre ele. Alternativa correta: d)

7. Alternativa c). A argumentação se baseia na premissa "As pessoas são algo mais do que propriedade ou fala".

8. 1) igualdade
2) pertinência
3) inclusão
4) igualdade
5) inclusão
6) pertinência
7) pertinência
8) igualdade
9) inclusão

9. a) É possível que tenha existido vida em Marte.

b) Água líquida é a única substância vital para a existência dos seres vivos na forma como os conhecemos.

As fotos indicavam que algumas pedras já estiveram submersas em água.

10. Não. A afirmação diz respeito apenas aos países que têm crédito. Nada foi dito em relação aos países que não têm crédito. O jornal interpretou a implicação como sendo uma equivalência.

11. A existência de micróbios está na origem da vida.

12. Podemos extrair as conclusões B e D.

13. a) Não sei de coisa alguma.

b) Nada tenho a declarar.

c) Não era pessoa alguma.

d) Ninguém faz algo (ou Ninguém faz coisa alguma).

e) Não bebi coisa alguma.

14. a) Maria teve nota inferior a 5 ou frequência inferior a 75%.

b) Não.

15. Ou chove, ou faz frio, ou chove e faz frio.

16. Nem chove nem faz frio.

17. Ou chove mas não faz frio, ou faz frio, mas não chove, ou nem chove nem faz frio.

18. A única que tem o sentido de equivalência é a b), pois se um número é divisível por 2 então é par. Na letra a), não é verdade que se algo brilha no céu então é estrela (pode ser um balão...). Na letra c), não é verdade que se um ser é mortal então é humano (os gatinhos que o miem..., isto é, digam).

19. a) Que Paulo voltará a estudar.

b) Que Paulo não foi aprovado no concurso.

c) Nada se pode concluir. Ele poderá voltar a estudar, ou não.

d) Nada se pode concluir. Ele pode ter decidido por isso, mesmo sem ter sido aprovado no concurso.

20. Se ele fizer qualquer pergunta direta (como Que porta devo escolher?), não saberá se a resposta é verdadeira ou falsa e terá gastado sua única pergunta. A saída é tentar obter uma resposta que contenha uma conjunção das duas respostas que os guardas dariam àquela pergunta direta. Para isso, o Sr. Q. Fria deve se dirigir a um dos guardas e perguntar: "Se eu perguntar ao OUTRO guarda, que porta deverei escolher, qual ele me indicará?". Como a conjunção de uma proposição verdadeira com uma falsa é falsa, o Sr. Q. Fria ouvirá, com certeza, uma mentira. Restará a ele sair pela outra porta!!

21. A declaração é: "Morrerei enforcado". É a contradição salvando vidas!!

22. 1 – (a) ou (d); 2 – (d); 3 – (d); 4 – Nada se pode concluir.

23. As possibilidades são:

Se *A* é vero, então *B* mente, pois *A* não diria que é faro, o que seria mentira. Logo, *B* é faro.

Se *A* é faro, então *B* mente, pois *A* não diria que é faro, pois seria verdade. Logo, *B* é faro.

Logo, *B* é faro. Como *C* disse a verdade ao afirmar que *B* mentiu, *C* é vero.

Nada se pode concluir a respeito de *A*.

Anexo A

Os silogismos aristotélicos

As proposições categóricas

Como vimos, Aristóteles considerava legítimas apenas as declarações categóricas. A estrutura de uma proposição categórica simples é:

sujeito verbo ser predicado

As proposições categóricas se classificam quanto à *quantidade*, em:

- UNIVERSAIS (Todo S é P ou Todo S não é P)
- PARTICULARES (Algum S é P ou Algum S não é P).
- Quanto à qualidade, proposições categóricas se classificam em:
- AFIRMATIVAS (Todo S é P ou Algum S é P)
- NEGATIVAS (Todo S não é P ou Algum S não é P).
- Existem, portanto, 4 tipos de proposições categóricas simples:

TIPO	FORMA
Universal Afirmativa	Todo S é P.
Universal Negativa	Todo S não é P. (ou Nenhum S não é P).
Particular Afirmativa	Algum S é P.
Particular Negativa	Algum S não é P.

Cada um desses tipos é usualmente associado a uma vogal, segundo o seguinte recurso mnemônico:

- as proposições afirmativas estão associadas às duas primeiras vogais da palavra AFIRMO:

  A – Todo S é P.
  I – Algum S é P.

- as proposições negativas estão associadas às duas primeiras vogais da palavra NEGO:

  E – Todo S não é P.
  O – Algum S não é P.

Inferências imediatas

Uma inferência imediata é um argumento de uma única premissa. Há dois tipos especiais de inferências imediatas: a *particularização* e a *conversão*.

Uma particularização usa o fato de que o que se afirma para o universal vale para o particular. Por exemplo:

Premissa: Todo A é B.
Conclusão válida: Algum A é B

Numa conversão, o sujeito e o predicado da premissa são, respectivamente, o predicado e o sujeito da conclusão. Uma conversão pode ser por *limitação* (quando a premissa é universal e a conclusão é particular) ou *simples* (quando não muda a quantidade). Por exemplo:

Premissa: Todo S é P.
Conclusão válida: Algum P é S.
é uma conversão por limitação; e
Premissa: Algum S é P.
Conclusão válida: Algum P é S.
é uma conversão simples.

Inferências mediatas – os silogismos aristotélicos ou categóricos

Um silogismo é categórico quando suas premissas e sua conclusão são proposições categóricas. Por exemplo:

Todo homem é mortal.

Sócrates é homem.

Logo, Sócrates é mortal.

Um silogismo possui 3 termos:

Maior: o de maior extensão. (No exemplo: mortal)

Médio: o de extensão intermediária. (No exemplo: homem)

Menor: o de menor extensão (No exemplo: Sócrates)

É o termo médio que possibilita o silogismo – ele relaciona as duas premissas e não aparece na conclusão. Quanto aos termos, um silogismo deve satisfazer a algumas regras (chamadas *regras dos termos*), como, por exemplo:

1. Os termos de um silogismo são somente três: maior, médio e menor.
2. A conclusão não pode conter um termo de extensão maior do que a dos termos das premissas.
3. O termo médio não pode entrar na conclusão.

Figuras

A figura do silogismo é representada pela disposição do termo médio nas premissas:

Figura	Posição do termo médio nas premissas	Exemplo
1ª	sujeito na primeira predicado na segunda	Toda fruta é vegetal. Maçã é uma fruta. Logo, maçã é um vegetal
2ª	predicado na primeira predicado na segunda	Toda pedra não é animal. Todo homem é animal. Logo, todo homem não é pedra.
3ª	sujeito na primeira sujeito na segunda	Todo animal é irracional. Algum animal é inteligente. Logo, algum inteligente é irracional.
4ª	predicado na primeira sujeito na segunda	Toda fruta é um vegetal. Todo vegetal é saudável. Logo, há coisas saudáveis que são frutas.

Vale destacar que Aristóteles não considerou, em seu trabalho, os silogismos da quarta figura. E ainda destacava a primeira figura das demais, considerando seus modos os silogismos "perfeitos", em detrimento daqueles nas outras duas figuras, que considerava "imperfeitos".

Como mencionamos no Capítulo II, há 256 tipos possíveis de silogismos pois cada uma das proposições envolvidas no silogismo pode ser de um dos quatro tipos (A – I – E – O). Logo, fixando uma figura, temos 4 x 4 x 4 = 64 diferentes modos. Como são 4 figuras, o total de tipos de silogismos é 4 x 64 = 256. No entanto, 232 dessas formas constituem sofismas, pois contrariam alguma(s) regra(s) de formação de um silogismo, que listamos a seguir.

Regras do silogismo (ou regras das proposições)

1. De duas afirmativas não se pode concluir uma negativa.
2. Nada se pode concluir de duas negativas.
3. Se uma das premissas for particular a conclusão também será particular.
4. Se uma das premissas for negativa a conclusão também será negativa.
5. Nada se pode concluir de duas premissas particulares.

Finalmente, as 24 formas legítimas de silogismos se reduzem a 19, visto que 5 delas podem ser reescritas como alguma das outras, por inferência imediata.

Modos válidos

A tabela a seguir mostra os 19 modos válidos distribuídos em relação às 4 figuras, juntamente com os nomes escolhidos pelos antigos filósofos como recurso mnemônico.

Figura	Premissas (tipos)	Conclusão (tipo)	Fórmula mnemônica
1ª	A A E A A I E I	A E I O	Barbara Celarent Darii Ferio

Figura	Premissas (tipos)	Conclusão (tipo)	Fórmula mnemônica
2ª	E A	E	Cesare
	A E	E	Camestres
	E I	O	Festino
	A O	O	Baroco
3ª	A A	I	Darapti
	E A	O	Felapton
	I A	I	Disamis
	A I	I	Datisi
	O A	O	Bocardo
	E I	O	Ferison
4ª	A A	I	Bramantip
	A E	E	Camenes
	I A	I	Dimaris
	E A	O	Fesapo
	E I	O	Frenison

A palavra associada a um determinado modo contém as vogais indicativas do tipo de cada proposição envolvida. Por exemplo, CAMENES possui as vogais a, e, e, nessa ordem. Então representa um silogismo da quarta figura onde a primeira premissa é do tipo A (universal afirmativa), a segunda premissa e a conclusão são do tipo E (universais negativas). Isto é, é um silogismo do tipo

Todo S é M.

Todo M é não P.

Logo, todo P é não S.

Além disso, a partir da segunda figura, a primeira letra de cada palavra indica a qual modo da primeira figura o silogismo em questão pode ser reduzido. Isto é:

BAROCO, BOCARDO e BRAMANTIP podem ser reduzidos à forma BARBARA.

CESARE, CAMESTRES e CAMENES podem ser reduzidos à forma CELARENT.

DARAPTI, DISAMIS, DATISI e DIMARIS podem ser reduzidos à forma DARII.

FESTINO, FELAPTON, FERISON, FESAPO e FRENISON podem ser reduzidos à forma FERIO.

A redução de silogismos

A redução permite que cada um dos silogismos das últimas três figuras se transforme em um silogismo equivalente na primeira figura, isto é, um silogismo na primeira figura que tenha a mesma conclusão, a partir das mesmas premissas.

Uma redução consiste na aplicação e uma sequência de passos, cada um deles representado por uma consoante. Cada modo tem seu método próprio de redução à primeira figura e esse método também está codificado na palavra indicativa do método. A chave para esse código é a seguinte:

- A letra *s* indica conversão simples da proposição denotada pela vogal precedente.
- A letra *p* indica conversão por limitação da proposição denotada pela vogal precedente.
- A letra *m* indica permutação das duas premissas.

Por exemplo, retomemos o nosso silogismo do modo CAMENES:

Todo S é M.

Todo M é não P.

Logo, S é não P.

Sabemos que:

1. A letra C inicial indica que ele será reduzido a um da pri meira figura de modo CELARENT (premissas de tipos E, A e conclusão de tipo E).
2. A letra M indica que devemos permutar as duas premissas. Chegamos a:

   Todo M é não P.

   Todo S é M.

   Logo, S é não P.
3. A letra S indica conversão simples da conclusão:

   Todo M é não P.

   Todo S é M.

Logo, P é não S.

Para finalizar, damos um exemplo de cada modo válido de silogismo.

1ª. Figura:

BARBARA

A	Todo trabalho merece salário.
A	O exercício da imaginação é um trabalho.
A	O exercício da imaginação merece salário.

CELARENT

E	Os felinos não têm penas.
A	Os gatos são felinos.
E	Todo gato não tem penas.

DARII

A	Todo estudante deve ler jornal.
I	Há indisciplinados que são estudantes.
I	Há indisciplinados que devem ler jornal.

FERIO

E	Nenhum mamífero tem penas.
I	Alguns animais voadores são mamíferos.
O	Alguns animais voadores não têm penas.

2ª. Figura:

CESARE

E	Nenhum peixe respira pelos pulmões.
A	Todos os cetáceos respiram pelos pulmões.
E	Nenhum cetáceo é peixe.

CAMESTRES

A	Os pássaros são ovíparos.
E	Nenhum morcego é ovíparo.
E	Nenhum morcego é pássaro.

DESTINO

E	Nenhum argentino é europeu.
I	Há cantores de tango europeus.
O	Há cantores de tango que não são argentinos.

BAROCO

A Todas as hipérboles possuem dois ramos.
O Há cônicas que não possuem dois ramos.
O Há cônicas que não são hipérboles.

3ª. Figura:

DARAPTI

A As elipses são curvas fechadas.
A As elipses são cônicas.
I Há cônicas que são curvas fechadas.

DATISI

A Todo ambicioso é insatisfeito.
I Alguns ambiciosos são invejosos.
I Alguns homens invejosos são insatisfeitos.

FELAPTON

E Os planetas não têm luz própria.
A Os planetas são astros luminosos.
O Alguns astros luminosos não têm luz própria.

BOCARDO

O Há paulistas que não gostam de carnaval.
A Todo paulista é brasileiro.
O Há brasileiros que não gostam de carnaval.

FERISON

E Nenhum sábio é injusto.
I Há sábios que são severos.
O Há pessoas severas que não são injustas.

4ª. Figura:

BRAMANTIP

A Todo paulista é brasileiro.
A Todo brasileiro é sul-americano.
I Existem sul-americanos que são paulistas.

CAMENES

A Todos os pássaros são aves.
E Nenhuma ave é quadrúpede.
E Nenhum quadrúpede é pássaro.

DIMARIS

I Alguns paulistas são corinthianos.

A Todo corinthiano é inteligente.
I Há pessoas inteligentes que são paulistas.

FESAPO

E Nenhum nordestino é gaúcho.
A Todo gaúcho é brasileiro.
O Alguns brasileiros não são nordestinos.

FRENISON

E Nenhum fanático é equilibrado.
I Alguns equilibrados são passionais.
O Alguns passionais não são fanáticos.

Anexo B

Respostas dos exercícios ao longo do texto

Capítulo I, página 18

1.

conclusão: "O time A é o melhor do atual campeonato."
premissas: "(O time A) tem o melhor ataque." , "(O time A tem) a defesa menos vazada." e "(O time A tem) o maior número de pontos ganhos."

2.

conclusão: "O ônibus da escola deverá chegar atrasado amanhã."
premissas: "A meteorologia prevê muitas chuvas para amanhã cedo." e "Sempre que chove muito, o ônibus chega atrasado."

3.

conclusão: "(O café) não deveria ser caro."
premissas: "O café não é um produto importado." e "Todos os produtos importados é que são caros."

4.

conclusão: "A gasolina só pode ser cara."
premissas: "A gasolina é extraída do petróleo.", "(O petróleo) é importado." e "Todos os produtos importados são caros."

5.

conclusão: "Os infimozoários não são carcomênicos."
premissas: "Todos os megalozoários são carcomênicos." e "Os infimozoários não são megalozoários."

6.
conclusão: “Nenhum chumpitaz é zaragó.”
premissas: “Nenhum afaneu é zaragó.” e “Todo chumpitaz é afaneu.”

7.
conclusão: “As serpentes não voam.”
premissas: “Nenhum réptil voa.” e “As serpentes são répteis.”

8.
conclusão: “Um automóvel deve custar mais que uma bicicleta.”
premissas: “Gasta-se muito mais com material e mão de obra em sua (automóvel) construção.”

9.
conclusão: “Wagner gosta de música.”
premissas: “Ele é filho de músicos.” e “Todos os filhos de músicos gostam de música.”

10.
conclusão: “Todos os urubus são aves.”
premissas: “Todos os urubus são mamíferos.” e “Todos os mamíferos são aves.”

11.
conclusão: “Alguns automóveis têm clorofila.”
premissas: “Todas as coisas verdes têm clorofila.” e “Alguns automóveis são verdes.”

12.
conclusão: “Alguns artistas são políticos.”
premissa: “Alguns políticos são artistas.”

13.
conclusão: “Existem europeus que são alemães.”
premissa: “ Todos os alemães são europeus.”

14.
conclusão: “Todos os ALFATRÓPICOS são GAMATRÓPICOS.”
premissas: “Todos os ALFATRÓPICOS são BETATRÓPICOS.” e “Todos os BETATRÓPICOS são GAMATRÓPICOS.”

15.
conclusão: “Todo A é B.”

premissas: "Todo A é X." e "Todo X é B."

Capítulo I, página 27

São proposições: 2, 4, 7.

Capítulo I, página 27

1-V; 2-F; 3-F; 4-V; 5-V; 6-V; 7-F; 8-V; 9-F; 10-F; 11-V; 12-F.

Capítulo I, página 28

Os argumentos válidos são: 1, 6, 7.

Capítulo I, página 29

1. Premissas falsas (a primeira é falsa). Argumento válido.
2. Sofisma.
3. Sofisma.
4. Premissas falsas. Argumento válido.

Capítulo III, página 64

Entimema: o teorema de Pitágoras

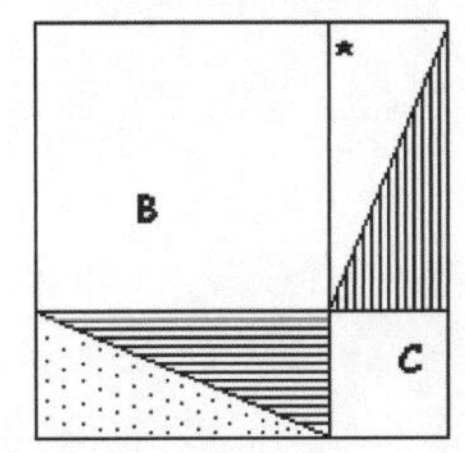

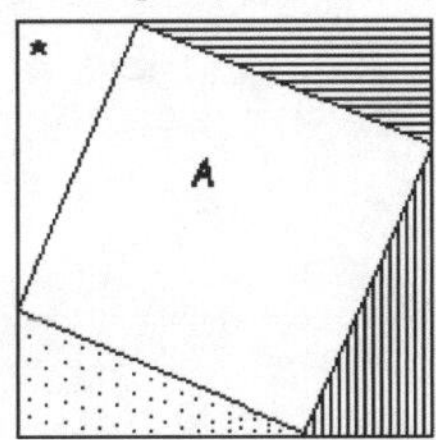

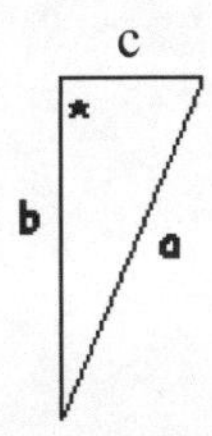

As duas figuras apresentam diferentes decomposições do mesmo quadrado. Logo, a soma das áreas de todas as partes é a mesma, em qualquer um dos casos. Os 4 triângulos retângulos se repetem, nas duas figuras, e têm todos as mesmas dimensões. A soma das áreas dos quadrados B e C, à esquerda, é igual à área do quadrado A, à direita. Pois bem:

– a área do quadrado A é a^2;

– a área do quadrado B é b^2;

– a área do quadrado C é c^2.

Conclusão: $a^2 = b^2 + c^2$, que é o que afirma o teorema de Pitágoras.

Capítulo III, página 64

Argumento A – premissas omitidas:

. Marta é vaidosa.

. Somente pessoas verdadeiramente religiosas deveriam frequentar a igreja.

Argumento B – premissa omitida:

. Não se pode confiar em mentirosos.

Argumento C – premissa omitida:

. O presidente sempre leva o cachorrinho consigo.

Argumento D – premissa omitida:

. O valor do pedágio é muito alto.

Argumento E – premissa omitida:

. Marinheiros viajam muito.

Bibliografia comentada

ABREU, Antônio Suárez. *A arte de argumentar*. São Paulo: Ateliê Editorial, 1998.

(Texto introdutório interessante, com uma abordagem não técnica do tema, e a análise de algumas sutilezas iluminadoras, como a distinção entre persuadir e convencer.)

ARENDT, Hannah. *A condição humana*. 5. ed. Rio de Janeiro: Forense Universitária, 1991.

(Arendt é um dos autores modernos que mais dá atenção à amplitude de significações da palavra "ação", tal como é caracterizada no capítulo inicial do nosso livro. Em *A condição humana*, a referida autora elabora uma importante distinção entre os significados de "labor", "trabalho" e "ação" como atividades que realizamos, destacando que apenas a ação é característica do modo de ser do ser humano, ou seja, é o fundamento da condição humana.)

BEM, Daryl J. *Convicções, atitudes e assuntos humanos*. São Paulo: EPU, 1973.

(O texto é técnico e relativamente datado, mas traz uma análise interessante das influências psicológicas na condução dos raciocínios e das conclusões.)

CARRAHER, David W. *Senso crítico – do dia a dia às ciências humanas*. São Paulo: Pioneira, 1983.

(Excelente introdução ao estudo da Lógica para alunos de ciências humanas, ou para as pessoas em geral. Uma abordagem da argumentação no dia a dia, adequadamente ilustrada por recortes de jornais e histórias em quadrinho. Alguns destes recortes são demasiadamente datados, presos a um contexto específico que já não mais existe, não sendo de compreensão imediata, mas de um modo geral, trata-se do melhor texto introdutório de natureza não técnica já publicado em língua portuguesa, a nosso ver.)

COPI, Irving M. *Introdução à Lógica*. São Paulo: Mestre Jou, 1974.

(Este livro especialmente importante é um verdadeiro tratado de lógica elementar, constituindo uma iluminadora introdução ao tema em todas as suas dimensões. Particularmente, no que tange às relações entre a lógica e a linguagem cotidiana, a contribuição de Copi é ímpar. Muito rico em exemplos exercícios, trata-se de um texto original e verdadeiramente seminal.)

COSTA, Newton da. *Ensaio sobre os fundamentos da lógica*. São Paulo: Hucitec/Edusp, 1980.

(O texto discute as relações entre razão lógica e linguagem, apresentando um panorama abrangente das lógicas não clássicas. No apêndice, há uma apresentação sumária da lógica paraconsistente, da qual Newton da Costa é considerado um dos criadores. O texto de tal sumário é, no entanto, relativamente formal, não parecendo suficientemente acessível a leigos. É uma pena.)

COSTA, Newton da. *Lógica indutiva e probabilidade*. 2. ed. São Paulo: Hucitec/Edusp, 1993.

(Trata-se de uma apresentação densa da lógica indutiva, realizada de modo predominantemente não técnico. As relações entre lógica e probabilidade são examinadas com atenção. É um pequeno livro com muito conteúdo.)

EPSTEIN, Richard L. *The Pocket Guide to Critical Thinking*. Belmont: Thomson, 2000.

(O livro é esquemático, mas apresenta um cenário bastante abrangente das questões relativas à argumentação na linguagem cotidiana. Os temas são abordados de modo intuitivo, convidativo, sem reivindicar pré-requisitos. Muitos exemplos esclarecem todas as questões tratadas.)

GREEN, Thomas F. Learning Without Metaphor. In: ORTONY, A. (Ed.) *Metaphor and Thought*. New York: Cambridge University Press, 1988.

(Neste artigo, o autor compara a estrutura de uma piada com a de um argumento, dando margem a possíveis desenvolvimentos interessantes sobre o tema. A análise é rápida, mas inspiradora. Vale o registro.)

HAACK, Susan. *Filosofia das lógicas*. São Paulo: UNESP, 1998.

(Panorama avançado de Filosofia da Lógica, serve de fonte de consulta para alguns tópicos apenas indicados em nosso texto.)

HABERMAS, Jürgen. *Teoria de la acción comunicativa: complementos y estudios previos*. 3. ed. Madrid: Catedra, 1997.

(Com a Teoria da Ação Comunicativa, Habermas associa-se a Hannah Arendt, no sentido de atribuir à palavra "ação" um significado muito mais abrangente do que ostenta em seu uso ordinário. A ideia de ação comunicativa relaciona-se diretamente com a extensão da ideia de razão, realizada por Habermas, ao caracterizar a razão comunicativa e a ética do discurso. Existem outros textos mais recentes do mesmo autor em língua portuguesa, como, por exemplo, A inclusão do outro [São Paulo: Loyola, 2002].)

HIRSCHMAN, Albert O. *A retórica da intransigência: perversidade, futilidade, ameaça.* São Paulo: Cia. das Letras, 1991.

(Trata-se de um livro magistral, no qual o autor realiza um mapeamento dos argumentos básicos do pensamento conservador, ao longo da história. Em diferentes contextos, a resistência à mudança recorre sempre às mesmas formas de argumentação, verdadeiros "chavões", cujo reconhecimento é muito esclarecedor para um julgamento adequado das conclusões decorrentes.)

KNEALE, W.; KNEALE, M. *O desenvolvimento da lógica.* 2. ed. Lisboa: Fundação Gulbenkian, 1980.

(O livro dos Kneale é um verdadeiro tratado, que se inicia com Aristóteles, passa pelos Estoicos, avança pela Idade Média, pelo Renascimento, para desembocar na Lógica Matemática com Boole, Peirce, De Morgan, Frege, Russell, Hilbert, entre outros).

MACHADO, Nílson J. *Lógica? É lógico!* São Paulo: Scipione, 2000.

(Trata-se de um texto paradidático, que pode ser utilizado nas últimas séries do ensino fundamental ou ao longo do ensino médio. Apresenta as ideias de proposição, argumento, verdade e validade, utilizando os diagramas de Eüler sobre conjuntos para o discernimento de argumentos válidos e não válidos. Conta um pouco da história da Lógica e é recheado de exemplos e exercícios de ilustração.)

MACHADO, Nílson J. *Matemática por assunto (lógica, conjuntos, funções.)* São Paulo: Scipione, 1988. v. 1.

(No volume 1 desta série, as noções iniciais de lógica são estendidas até a apresentação de tabelas-verdade para proposições compostas e dos quantificadores. Alguns passos sobre o uso de variáveis em sentenças abertas também podem ser encontrados.)

MORTARI, Cezar A. *Introdução à Lógica*. São Paulo: Editora da UNESP, 2001.

(Livro muito bem escrito, de leitura agradável. Apesar do título, não é tão introdutório quanto parece. No Capítulo III, são apresentadas noções para a construção de linguagens artificiais, como as de programação.)

NIELSEN, Roger B. *Proofs without words. Washington*: The Mathematical Association of America, 1993.

(Como um livro que pretende argumentar sem o recurso às palavras pode servir de apoio a um texto de Lógica? Da mesma forma que a luz e a sombra se compõem na composição pictórica, articulando-se simbioticamente, sem reivindicações de hegemonia. Cada página do livro de Nielsen constitui uma aula sobre a construção de argumento sem o recurso a um texto narrativo. Às vezes aprendemos mais sobre algo quando sentimos sua falta do que quando está presente. Algo similar ocorre, neste caso.)

NIETZSCHE, Friedrich W. *A Gaia Ciência*. São Paulo: Hemus Livraria; Editora Ltda., 1976.

(Além do aforismo citado na primeira parte do Capítulo III do nosso trabalho, sobre como uma defesa de uma causa com um mau argumento pode prejudicá-la (aforismo n. 159), muitas outras argutas observações de Nietzsche constituem verdadeiros exercícios de lógica. O aforismo n. 111, sobre a origem da Lógica, é uma verdadeira lição sobre as relações entre o raciocínio lógico e o julgamento informal.)

POPPER, Karl. *Conhecimento objetivo*. São Paulo: EDUSP/Itatiaia, 1975.

(A ideia de um conhecimento objetivo, que se constrói no nível das teorias, deixando de fora de seu âmbito a percepção, considerada sempre imprecisa e traiçoeira, é a marca do pensamento popperiano. Tal ideia fundamenta uma lógica para a pesquisa científica que concede muito pouco à ambiguidade, aos sentimentos, ou à informalidade na argumentação.)

RYLE, Gilbert. *Dilemas.* São Paulo: Martins Fontes, 1993.

(É um texto clássico, com lugar cativo na estante de qualquer estudioso de filosofia. A ideia de dilema é apresentada em sentido amplo, envolvendo disputas entre teorias científicas. A última parte, dedicada à análise das relações entre a lógica formal e a lógica informal, constitui um aprofundamento de algumas questões importantes, apenas tangenciadas em nosso texto.)

SCHOPENHAUER, Arthur. *Como vencer um debate sem precisar ter razão.* Rio de Janeiro: Topbooks, 1997.

(O título do livro de Schopenhauer é autoelucidativo. São 38 estratagemas que têm alto poder de convencimento, mesmo sem um fundamento puramente racional. As notas e os comentários de Olavo de Carvalho enriquecem bastante a temática examinada.)

SIMON, Herbert. *A razão nas coisas humanas.* Lisboa: Gradiva, 1989.

(O autor examina as possibilidades e os limites do recurso à razão nos assuntos humanos. A confiança na racionalidade dos processos sociais não o impede de incluir a emoção e a incerteza como elementos inerentes a tais processos.)

TOULMIN, Stephen. *Os usos do argumento.* São Paulo: Martins Fontes, 2001.

(A abordagem do autor é bastante original, não se deixando pautar pela história da Lógica, nem pelos padrões formais de análise de argumentos. Seu ponto de partida é a abordagem modal, com a ideia de probabilidade apresentando-se de modo natural. O ponto alto é o Capítulo III, e que é proposto um *layout* para argumentos que representa uma contribuição importante para o estudo do tema, significando um inegável avanço nos estudo das formas de argumentação.)

Índice remissivo

Outros títulos da coleção

Tendências em Educação Matemática

A matemática nos anos iniciais do ensino fundamental – Tecendo fios do ensinar e do aprender
Autoras: *Adair Mendes Nacarato, Brenda Leme da Silva Mengali, Cármen Lúcia Brancaglion Passos*

Afeto em competições matemáticas inclusivas – A relação dos jovens e suas famílias com a resolução de problemas
Autoras: *Nélia Amado, Susana Carreira, Rosa Tomás Ferreira*

Álgebra para a formação do professor – Explorando os conceitos de equação e de função
Autores: *Alessandro Jacques Ribeiro, Helena Noronha Cury*

Análise de erros – O que podemos aprender com as respostas dos alunos
Autora: *Helena Noronha Cury*

Aprendizagem em Geometria na educação básica – A fotografia e a escrita na sala de aula
Autores: *Cleane Aparecida dos Santos, Adair Mendes Nacarato*

Brincar e jogar – enlaces teóricos e metodológicos no campo da Educação Matemática
Autor: *Cristiano Alberto Muniz*

Da etnomatemática a arte-design e matrizes cíclicas
Autor: *Paulus Gerdes*

Descobrindo a Geometria Fractal – Para a sala de aula
Autor: *Ruy Madsen Barbosa*

Diálogo e aprendizagem em Educação Matemática
Autores: *Helle AlrØ e Ole Skovsmose*

Didática da Matemática – Uma análise da influência francesa
Autor: *Luiz Carlos Pais*

Educação a Distância *online*
Autores: *Marcelo de Carvalho Borba, Ana Paula dos Santos Malheiros, Rúbia Barcelos Amaral*

Educação Estatística - Teoria e prática em ambientes de modelagem matemática
Autores: *Celso Ribeiro Campos, Maria Lúcia Lorenzetti Wodewotzki, Otávio Roberto Jacobini*

Educação Matemática de Jovens e Adultos – Especificidades, desafios e contribuições
Autora: *Maria da Conceição F. R. Fonseca*

Etnomatemática – Elo entre as tradições e a modernidade
Autor: *Ubiratan D'Ambrosio*

Etnomatemática em movimento
Autoras: *Gelsa Knijnik, Fernanda Wanderer, Ieda Maria Giongo, Claudia Glavam Duarte*

Fases das tecnologias digitais em Educação Matemática – Sala de aula e internet em movimento
Autores: *Marcelo de Carvalho Borba, Ricardo Scucuglia Rodrigues da Silva, George Gadanidis*

Filosofia da Educação Matemática
Autores: *Maria Aparecida Viggiani Bicudo, Antonio Vicente Marafioti Garnica*

Formação matemática do professor – Licenciatura e prática docente escolar
Autores: *Plinio Cavalcante Moreira e Maria Manuela M. S. David*

História na Educação Matemática – Propostas e desafios
Autores: *Antonio Miguel e Maria Ângela Miorim*

Informática e Educação Matemática
Autores: *Marcelo de Carvalho Borba, Miriam Godoy Penteado*

Interdisciplinaridade e aprendizagem da Matemática em sala de aula
Autores: *Vanessa Sena Tomaz e Maria Manuela M. S. David*

Investigações matemáticas na sala de aula
Autores: *João Pedro da Ponte, Joana Brocardo, Hélia Oliveira*

Lógica e linguagem cotidiana – Verdade, coerência, comunicação, argumentação
Autores: *Nílson José Machado e Marisa Ortegoza da Cunha*

Matemática e arte
Autor: *Dirceu Zaleski Filho*

Modelagem em Educação Matemática
Autores: *João Frederico da Costa de Azevedo Meyer, Ademir Donizeti Caldeira, Ana Paula dos Santos Malheiros*

O uso da calculadora nos anos iniciais do ensino fundamental
Autoras: *Ana Coelho Vieira Selva e Rute Elizabete de Souza Borba*

Pesquisa em ensino e sala de aula – Diferentes vozes em uma investigação
Autores: *Marcelo de Carvalho Borba, Helber Rangel Formiga Leite de Almeida, Telma Aparecida de Souza Gracias*

Pesquisa Qualitativa em Educação Matemática
Organizadores: *Marcelo de Carvalho Borba, Jussara de Loiola Araújo*

Psicologia na Educação Matemática
Autor: *Jorge Tarcísio da Rocha Falcão*

Relações de gênero, Educação Matemática e discurso – Enunciados sobre mulheres, homens e matemática
Autoras: *Maria Celeste Reis Fernandes de Souza, Maria da Conceição F. R. Fonseca*

Tendências internacionais em formação de professores de Matemática
Organizador: *Marcelo de Carvalho Borba*

Este livro foi composto com tipografia Minion Pro e impresso
em papel Off Set 75 g/m² na Formato Artes Gráficas.